可怕的心理学2

把人心全看透的读心术

[日] 植木理惠 · 著　张弛 · 译

廣東旅游出版社
GUANGDONG TRAVEL AND TOURISM PRESS

图书在版编目（CIP）数据

可怕的心理学.2：把人心全看透的读心术/（日）植木理惠著；张弛译.—广州：广东旅游出版社，2013.6
ISBN 978-7-80766-496-3

Ⅰ.①可… Ⅱ.①植… ②张… Ⅲ.①心理学—通俗读物 Ⅳ.①B84-49

中国版本图书馆CIP数据核字（2013）第061993号

著作权合同登记号 图字：19-2013-027

广东旅游出版社出版发行
（广州市越秀区先烈中路76号中侨大厦22楼D、E单元 邮编：510095）
印刷：北京晨旭印刷厂
（地址：北京市密云县西田各庄镇西田各庄村）
广东旅游出版社图书网
www.tourpress.cn
邮购地址：广州市越秀区先烈中路76号中侨大厦22楼D、E单元
联系电话：020-87347994 邮编：510095
787毫米×1092毫米 16开 9.75印张 112千字
2013年6月第1版第1次印刷
定价：29.80元

前言 · Preface

因为东日本大地震，我被岩手县、福岛县等地邀请，以“心的心理咨询员”的身份造访了当地的避难设施。但是说句心里话，我真是不想接受这次邀请。

眼前就是失去儿女的父母，对他们说“心理学”？还有失去那么多朋友的孩子们，对他们说“心理学”？

学问终究是纸上谈兵，可以说我只是从事着一个“不务实的职业”而已。像我这么一个人，能为他们做些什么呢？在这种地方，心理学的工作到底是什么样的？当我看到那些拼命跑来跑去搬运食物和衣服的志愿者们脸上流下来的汗水时，我觉得忐忑不安，腿都软了。他们所做的才是“真实的工作”啊。

我心里已经做好了准备，能想象来自避难人们的骂声。他们大概会说：“你是上这儿来参观地狱景色的吧？我们才不要什么心理咨询员呢！”

但是，事实却和我想的不一样。

有一位远道而来的老婆婆，一看到我便跑了过来，而她上气不接下气地向我诉说的却是："我家的媳妇啊，只会欺负我，我该怎么办才好啊？"

或者是初中、高中的学生们，他们问我："在露营的时候遇到喜欢的人了，有什么好的建议吗？"

我真真切切地感到，他们其实是"神的孩子"。他们当中没有一个人向从事心理职业的我提起在地震中所遭受的灾难。有位男性曾说："灾难是我们的宿命。"他们用行动在诉说着，生存下来活在世上的我们，必须在上天赐予的新的一天之中切实前行。这难道不像是"神的孩子"吗?

我被缺衣少食的人们围着，所接受的咨询却仅仅是与人际关系和恋爱相关的事情。像这些事，正是在这样的状况下才更加熠熠生辉吧。总而言之，我再一次地认为我还是应该带着这些经验，继续把这一"不务实的职业"继续下去。

不管是潜藏在日常生活中的心理，还是潜藏在受灾地的心理，它们的根说不定是同一种类型的。如果各位读者能在人类生存这一概念中扩大想象力，任其驰骋，一边结合自己的日常经验，一边阅读本书，我将不胜荣幸。

植木理惠

目录 · Contents

第一章　你清楚自己的阴暗面吗?

第二章　你能自由操纵人心吗？

第三章　你还在被爱情玫瑰刺伤吗？

第四章 你清除婚姻定时炸弹了吗?

第五章 你搞懂职场潜规则了吗?

第一章

你清楚自己的阴暗面吗？

01 你会一个劲儿地挑别人的毛病吗?

关键词：挑毛病　感兴趣

不管在这世上的哪个地方，恐怕都不存在十全十美的人吧。无论是谁，多少都有缺点，这就是人类。而有缺点的人们集合到一起，又构成了社会。当然，你也一定有这样那样的缺点，可是不知道你有没有这种感觉，那就是尽管自己也有缺点，却在不知不觉之中对自己的缺点视而不见，反过来一个劲儿地挑别人的毛病。

你的身上到底为什么会发生这样的事呢？答案很简单，那是因为你总是用“十全十美”的标准来要求别人。

例如，在对待恋人的缺点时，也会出现同样的状况，你总会特别在意对方的想法、日常习惯什么的。在这种情况下，应该怎么办呢？我就曾经接受过这样的咨询。如果是嘴上能说清楚的事，那么只需直截了当地把自己的心情发泄出来，这样倒也可以解决问题。但正因为是恋人，事情才不会那么简单。在这种时候，我们可不能只说一句“那分手算了”。因为，恋人这种关系，就是虽然明知对方有缺点，但也同时拥有能把缺点填补上的爱情。因为有了这爱情，我们才能够一边发着牢骚，一边继续和对方交往下去。

在面对公司里的上司、同事时，道理也是一样的。工作这种事，多半也要强迫自己忍耐并接受周围人的缺点，并在此基础上为了组织以及报酬付出劳动。所谓职场，也有这样宿命般的一面。因此，如果你想在工作中保持心理健康，那么就不应该在挑上司或部下的毛病这种事上消耗太多能量。与其这样，不如去找出他们的长处，然后仅仅配合着他们的长处与之交往。这才是高明之举。

不过实际上，那些让你急躁、焦虑不安的上司或部下，可能也正是你特别关心的人，而且这种例子还相当多见。也许你已经听过这样的说法：心里越是“关心”某个人，对方的缺点反而会变得越清晰。因为，对那种从一开始就不感兴趣的人，就算找到了他的缺点，也不会让你感到烦躁不安吧。随他去好了。

所以，只要能注意到自己正在挑别人的毛病，这就已经是一个飞跃的机会了。为什么会对那个人如此在意呢？在意他什么地方呢？……那是因为那个人拥有你所没有的能力，他的存在，触动了你内心中的自卑情结。

如果你感到烦躁不安，这也是一种幸运，这是你发现崭新自我的机会。单纯挑别人的毛病这件事虽然会让你毫无收获，但是在多数情况下，你一定能从让你产生这种情绪的人身上学到一些东西。

⊙ Point：想要挑别人的毛病，正是因为你对他们产生了兴趣的缘故。

02 在抱怨“明明都已经这么努力了”之前……

关键词：努力　自我中心

不管是对工作，还是对家庭，能感到“我正在努力”的人基本都是对幸福这种事怀有追求的人。但是这种心情一旦转为不满，幸福的矢量就会转到相反的方向。

“我这把年纪都这么努力，可是现在的年轻人怎么说不干就不干了呢？”“为什么家人不能更团结一点儿呢？”“恋人为什么不能再加把劲儿，腾出时间来约会呢？”我们一边抱怨着，一边把自己的行为和别人的行为作比较，于是悲剧也就开始了。也就是说，我们对自己作出夸大的评价，从而加重了对他人的不满。

不过，请静下心来再试着想一想，在这不顺心的人世间努力生存的人并不只有你一个。虽然在你看来，可能同事和家人都还是散散漫漫的，但他们应该也正在为生活而努力。如果你眼中看不到这些，就陷入了所谓的“自我中心”。

努力这件事本来就无法用客观的标准去衡量，说到底也不过是每个人自己主观的东西。例如，就算是在运动会上的赛跑项目中获得第一、第二这种名次，也不能单纯地说那是努力的结果。能力和运气的差别，造成了不同的名次。公司的业绩、家庭的幸福度也是一样的，努力说到底也不过是一个过程罢了。

正因如此，就试着抛弃“只有我一个人在努力”这种想法，将其转换成“我也在努力”吧。如果心里充满着“只有我一个人”的想法，就会看不到周围，心情从而变得暗淡；如果把它切换为“大家都挺不容易的啊”，那么就能以平静安稳的心情度过每一天了。

但是，人生这东西总是不尽如人意，难免会出现“都努力到这个份上了，成绩却还是上不去”，或者“喜欢的人离开了我”这样的事。为什么凡事总是没有好结果呢？在这个时候，就需要我们换个角度考虑，首先去寻找一下原因。如果发现是学习的方法不对就修改方法，如果发现是自己对恋人的说话方式糟糕，那么就检讨自己的说话方式。这在社会心理学中被称为“原因归属”。所谓“归属”，指的是最大的缘由出在哪里，事情到底是因为什么上上下下、一会儿顺利一会儿不顺利。“归属”指的就是这个“理由”。

在进行原因归属的时候，有时会产生“努力成这个样子都不行，是因为自己努力得还不够吧”，或者“会发生这种事，是因为自己本来就没这个能力”的想法。如果像这样马上就把它归结为自身的原因，做事的欲望就会“唰”的一下减退。而更加顽强的人则会想“这次八成是不走运，下次就会有转机吧”，或者“说不定是这次工作的方式不对，下次换种方法吧”。像这样去寻找自身以外的原因，倾向于分析，更能让自己的下次努力取得好结果。

如果不管努力的方法，只是一味努力的话，能量总会枯竭。比起盲目地努力，把焦点集中在秘诀或战略上去努力的人，不但能尽情享受工作，也能尽快得到好的结果。

⊙ Point：对自己进行夸大的评价是“自我中心”的开端。

03 有没有遇到事就与他人比较？

关键词：比较　幸福标杆

世上恐怕不存在幸福标杆这样的东西。尽管很多人都会想“那个人看起来挺幸福，跟他一比，我可就……”但其实，那个看起来很幸福的人见到你的时候，说不定也会想着同样的事情哦。

有钱、长得漂亮、身材高大、学历高、挣得多、工作业绩优秀……能拿来与他人进行比较的材料永远都不会缺少。但是，就算和别人比较这些东西，对你来说也不会起到任何作用。

根据美国的研究，人在经受了突然升职、中了巨额彩票这样的事情之后，因为承受不住压力而患上忧郁症的倾向也很高。很意外，突然得到幸福这种事竟然也是件令人害怕的事呢。从精神健康的角度而言，只要有合乎自己身份，对于自己来说合适的幸福就够了，没必要越过这一界限。

在我们这个属于竞争社会和学历社会的国家，从出生的那天起，我们就不得不去和别人进行比较。我们就生活于这样的世间，这也是没办法的。

当然，有比较才能看清周围。我们身上的一切都会被通过入职考试和资格考试等进行一番比较，这也是无可奈何的事。这被称为相对评价，也就是“在多少人中排第几位”这种评价方式。如果在入职考试中被刷下来的话，我们当然会被类似于“掉进了不幸的深渊”这种劣等感折磨一番吧。

但是，我们没必要把自己与他人进行比较。就算内心被上述劣等感折磨，如果只是一味地苛责自己的话，是不会对未来产生任何有益效果的。

重要的是，把绝对评价看得比相对评价重要。也就是不去与任何人相比，只想着自己能够做成些什么事。

尽自己最大的努力，然后体味成功的感觉。这一成功的感受难道不是人类能被授予的最大的幸福吗？

⊙ **Point：重要的是能做成些什么。**

04 仅仅追求报酬或别人的评价是无法成长的

关键词：报酬　动机　自我强化

人到了一岁左右，就会迎来“语言爆发期”，并且这种好奇心难以遏制。婴儿会对各种东西产生兴趣，不管什么都往嘴里放，做母亲的不得不拼命阻止这一行为。人就是充满着热情和好奇心来到这个世界上的。

但是，长大成人后，这种热情就会渐渐衰退。人们发出不满：“为什么我如此辛勤工作，却拿不到像样的工资呢？”或者抱怨：“我都把工作做到这个份上了，就不能再多表扬我几句吗？”之前的那种纯粹无瑕的好奇心究竟到哪儿去了呢？

确实，对于普通上班族或女性白领来说，付出劳动而获得的报酬是以名为“工资”的金钱来支付的。另外，工作干出成果时，若受到上司的表扬，心情也会很不错。就算长成了大人，大家也都还是因为想要“糖果”而努力拼搏的。

不过，人类的热情并不仅仅是这样单纯的东西。在心理学上，热情可以分为两大类：

一类就像我刚才说的，也就是通过努力拼搏以求获得工资或评价的“外在动机”。

还有另外一类，则是因感受到所从事工作的趣味性、充实感和使命感而努力拼搏的“内在动机”。

一般来说，人在内在动机驱使下做事的时候，注意力会比较集中，也不轻易犯错误。而人在外在动机驱使下工作时，如果不给他报酬，他就会停止工作。但是，即便工作和报酬没有任何关系，自发埋头工作的人也能靠自己怀有的热情一辈子持续努力下去。

职业棒球手的例子，便是人们保持内在动机而成功的很好佐证。职业棒球手们在孩童时期就热衷于他们喜欢的棒球，并不断努力，最终在竞争中取胜而获得了职业棒球手的地位。而就算成为了职业选手，仅靠外在动机也是不可能维持住这一地位的。

为了获得成功，他们凭借内在动机，费尽千辛万苦，不断持续地进行着艰苦卓绝的努力。外界给予的报酬不过是这一结果的附加品而已。

就算是像我们这样的普通职员，和赛马中使用的马匹也还是有区别的吧。光在眼前吊一根胡萝卜作为奖赏是无法驱动我们快跑的，这难道不是因为我们内心感到空虚的缘故吗？

我们是人类，和那种为了得到食物而学习技术的擅长“转碟儿”的猴子应该是不一样的。我认为，能在自己选择的职业中觅得只属于自己的乐趣和滋味，用心去工作，才是比任何东西都有效的，能使工作长时间持续下去的秘诀。

顺便说一句，虽然我是做心理咨询服务这一行的，但是半夜三点被医院叫去也是常有的事：“医生，患者使劲儿叫着您的名字呢。”我迷迷糊糊地赶紧跳上出租车……像这样辛苦地工作，单单考虑外在动机或者是金钱什么的，怎么也是说不过去的。

“我赶过去的话，患者肯定高兴。”“这也是人生的磨炼。”“要是在这里掉链子，可对不住我的自尊心。”我正是被这些不同的内在动机鞭策着跑向医院的。

如果你在工作岗位上对报酬产生了不满，我这里还有一个古老的良方，那就是“自我奖励”。

你可以对自己说“今天的工作很充实愉快，明天也要加油干”，然后美美地干上一杯啤酒。这样也就自己训练自己了。这在心理学上被称为“自我强化”。

进行自我强化，关键在于分出等级：今天一边享受着一边把工作做完了 = 一杯啤酒；工作中得到成果了 = 一杯贵些的红酒；做出了巨大的贡献 = 买双鞋；被老板表扬了 = 买件衣服。像这样针对自己的努力程度而决定好相应的合适的报酬，才是把自我强化作战方案坚持下去的秘诀哦。

⊙ Point：为自己的努力准备与之相适应的报酬。

05 总是冷静处事看起来才酷吗？

关键词：冷静　直白

世上有那种泰山崩于前而面不改色的人，这种人一般都会被评价为“好冷静”“好酷”。

不过，即便是表面上看很冷静的那种人，只要不是感受性特别低的类型，其实多数都会在你看不到的地方展现出他们的喜怒哀乐。世上不存在没有喜怒哀乐的人，就算是看上去特别冷静的那种人，实际上也可能在背后烦恼：为什么我的喜怒哀乐表现得这么贫乏呢？我该不会是那种特别冷淡的人吧？

人类是有感情的动物，高兴的时候就会放声大笑，遇到不可原谅的事情时就会生气，如果内心悲伤起来的话就会落泪哭泣。如果抑制住这些感情不让它们发泄出来，患上精神疾病的概率就会增高。我们是通过把喜怒哀乐表达出来保持精神上的平衡感的。早就有人指出，那些把人伪装起来、不动声色的“扑克脸”，其实跟慢性的精神压力脱不了干系。

举个例子说，某一天，你的恋人突然向你宣告分手。遇到这种事，任谁都会被混合着寂寞、愤怒、悲伤、动摇等种种因素的复杂感情一棍击到顶门上吧，谁也说不上冷静。在这个时候，如果你装出一副“扑克脸”，那么这悲伤的感情就会一直跟随着你。虽然我这样比喻有些奇怪，但是，如果不好好地凭吊你的悲伤，它就不会离你而去。

从悲伤中醒悟解脱，所用的方法其实非常简单。这个时候决不能去什么游乐场，去联谊相亲，妄图以此来模糊你的悲伤。恰恰相反，你应该直面这一悲伤的感情。比如，将自己关在房间里哭个够，直到心情平稳下来为止，或者沉浸在悲伤的音乐中。

我再推荐一种方式，那就是大声怒吼：“那家伙竟然说出这么伤人的话！竟然让我产生这么难过的心情！”失恋的伤痛能通过把自己的心情与当时的环境相适应起来的方法得到治愈。因此，越是勉强自己做出一副开心明朗样子的人，越是不容易从失恋中重新站起来。

有烦心事的时候，还要积极向上，这太勉强自己了，并不合理。让自己的心情一段时间内处于消极的一面，反而能够快一点儿找回平常的自己。

⊙ Point：让自己的感情变得直白起来。

06 只顾坚持自己的主张而一个劲儿地否定别人

关键词：自我主张　否定他人　倾听

在交流中，提出自我主张绝对不是件坏事。人们的对话正是基于向对方传达自己的思想，并听取对方的思想而成立的。但其实也不乏只顾表达自己的意见，而把对方的意见全盘否定的人。

日本的国会论战就是一个典型：大多数时候，从一开始就先否定了再说，结果对话很难成立。从旁人的目光看来，这种毫无意义的争论实在是不忍卒睹。而在公司的会议中你应该也见过如此情景吧。人们都只是为了把对手打得一败涂地而争论不休。如果某家公司充斥着这样的争论，那么我们就要以忧虑的目光来推测它是不是快倒闭了。

要说是什么导致了这种状况，那就是人们一根筋地认为只有自己才是正确的，而不愿意花心思去听别人的话。比如，A 说了一句“那个人好棒哦”，与之相对的，B 反驳说“那个人没有一个地方靠谱”。这样一来，对话也就此终结了。而如果 B 问了一句“那个人什么地方很不错呢”，对话就能够获得进展。A 想必会开始举例来说明那个人如何优秀吧。而如果 B 也能同意 A 的观点，那么就会得出“那个人确实很不错”的结论；如果 B 不同意，A 大概会举出别的例子来巩固自己的主张。像这样，两个人就会在评判该人的问题上展开热火朝天的讨论了。

凡是自我主张比较强烈的人，都有不听取别人意见的毛病。除此之外，在对话中不扩展自己的主张，而只是一个劲儿地否定对方意见的情形也会变得越来越多，能引起双方共同感受的对话从而不断减少，最终失去可以交谈的人。

能吸引别人的会话技巧在于成为善于倾听者。根据美国的研究，不停说话的人似乎比善于倾听的人更容易擅自判断“对方跟我意气相投”。重要的是，该怎样引导对方，让对方说话呢？正确答案是，你只需要把自己的态度转换为一边点头一边做出钦佩的样子，尽量不滔滔不绝地谈论自己的事就可以了。我觉得各位应该已经理解了，彻底做到善于倾听，是打造自己好印象的决定性手段。

当然，并不是说只需要听着别人说话就好，倾听的人也需要把自己的意见和主张如实地告诉对方，因为 100 个人有 100 种想法。理解这一点，并能够好好听别人说话的人，是一定会博得好感、受到欢迎的。

⊙ Point：认真听对方说话，能博得对方的好感。

07 脑子一片空白，该怎么办?

关键词：怯场　摆脱恐慌

我曾被安排在朋友的婚礼上发言，可刚站到麦克风前，练习好的台词就一句也说不出来了，一下子怯了场，脑子进入一片空白的恐慌状态，而不知如何是好，心跳加速，冷汗涔涔。这在心理学上被称为“恐慌发作”。

回避这一恐慌的方法有两种。

第一种：破罐破摔术。首先预测到自己会产生恐慌，事先预备好发言的小纸片。等到出现怯场的预兆时，就大大方方地把纸片掏出来接着朗读。虽然声音多少会有些走样，但应该还能充分地表达出你的祝福。而且因为写下来的东西一般都经过仔细推敲，说不定也能拿出上佳的表现。

第二种：一个人的实况转播术。在脑海中再准备一个自己，对于这个“另一个自己”，心理学上称为“元认知”。元（meta）是英语的前缀，意思是“更高一级的次元”。

元认知是每个人都具备的本能，因此，如果能对这一本能善加利用，就能让自己从恐慌中脱离出来。

举个例子说，在紧张到心脏怦怦乱跳、冷汗直流的场合，先不要否定这一状况的产生，而要反过来直面这一状况，并将其当成发生在别人身上，然后冷静地进行实况转播。

你可以试着一个人暗暗大肆评论：“哎呀，×× 的头变得好沉重，心脏怦怦地跳个不停呢。看起来连冷汗都冒出来了，手指头也在发抖呢。”结果，在不知不觉中你就慢慢冷静了。等轮到你正式出场的时候，就会令人难以置信地沉稳下来。

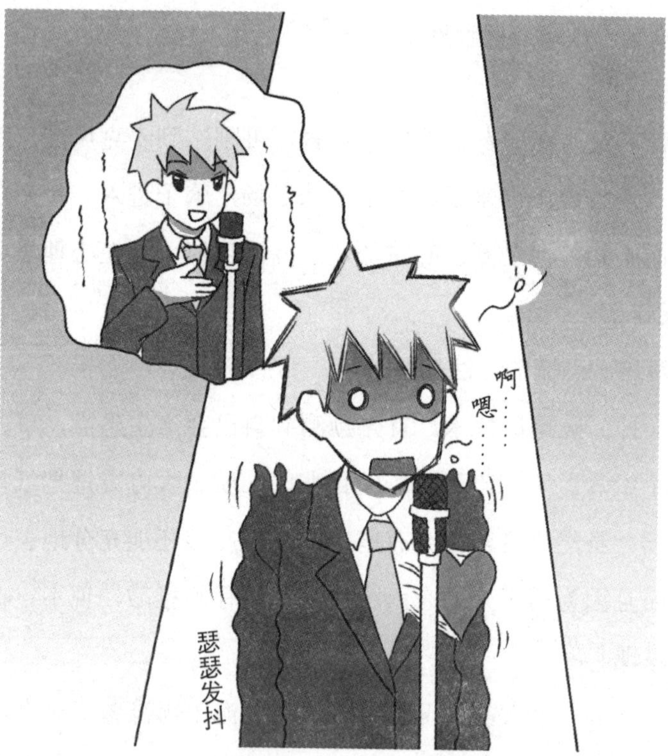

这一方法并不是要消除恐慌，而是要正面看待恐慌，并与恐慌和谐相处。

我绝对不推荐的方法是全面否定身体上出现的症状，比如产生“我才没有恐慌呢，我全身上下没有一个地方不对劲啊，之所以会这样都是错觉”之类的想法。

这在心理学上被称为“回避控制”。虽然话可以那么说，但实际上它在产生恐慌的场合反而会起到反效果。对自己说“快想办法冷静下来啊”反而会让“我紧张得要命”这一印象鲜明地浮上心头。越是想“没关系的，都是错觉”，越会变得不可能“没关系”起来。

不去抵抗那些苦恼，也不让自己从那些苦恼身边逃离，而是认同苦恼的存在，甚至于尽情地体味苦恼，才是从恐慌中脱离的捷径。

⊙ **Point：不要去想怎么摆脱恐慌。**

08 总是把事情往坏的一面想

关键词：**消极思考　无用功**

当发生没有事先预料到的事情时，立即往坏的一面想，这叫作“消极思考”，广义上也被称为“操心病”。比如说高尔夫，这一体育项目能比较容易地直接展现参赛者当时的心情和精神状态。“这一杆要是打到桩上可怎么办？”“这一杆要是打失了可就不妙了。”如果在脑海中掠过这种消极想法，哪怕只有一瞬间，出错的概率也会变得非常高。

虽说在比赛中，职业选手会想着“这一杆肯定过线，球一定会落到一个好的位置上”，以此来保持积极的一面，但是把高尔夫当作兴趣来玩玩的人，应该不会有这么高的心理素质吧。越是陷入困境，越会不断地往坏处考虑，而一旦进入连败的局面，后面也会接连不断地犯错误，想要扳回就变得非常困难了。这种情形恐怕也是很普遍的。

但是，在心理学上，“消极”“预期不安”这种词汇也不是专门用来表达不好的意义的。如果我们事先想到了最坏的结果，而当好的结果出现的时候，喜悦也会两倍、三倍地返回来的。这种现象被称为“获得效应”。一般来说，尽最大的努力，同时也想好最坏的结果，这将会令你如虎添翼。即便是运气不好，当真出现了最差劲的结果时，你也会泰然自若地想“哎呀，果然不出所料”;如果事情顺利，你更会想“辛苦真不是无用功啊”，从而格外欢喜。而且这样做最起码也能够避免垂下肩膀叹气“不应该是这样的啊……”之类的情形。

对于经常把事情往坏的一面考虑的人来说，实际上问题在于他们总是只做那些会招来最差结果的事。他们有一种倾向，即从一开始就放弃，不去追求最好的层面。“就算我努力做，也还是不行。”像这样放弃才是问题所在。

“反正努力也没用……”这种心理，任何人都多少有一点儿。不过，如果这一心情变成了固定式的，就叫作“学习性无力感”了。“以前一直在进行各种努力，但结果呢，不还是不行嘛”，这一信念变得越来越强，最终牢牢地盘踞在心里。对于这样的人来说，这是常见的一种思考模式。

我们从上小学开始就经常被老师教导说“有志者，事竟成”，但等到了社会上，事实却总不如此。“世事总不尽遂人意，运气好的家伙就算根本不努力也能把事情做得很好……”这种无力感突然出现在眼前，成为一堵厚重的墙。正因为这样，从一开始就产生放弃的想法，这也是无可厚非的。

在现实的世界中——怎么说好呢，可能是这么回事。但是，前几天我有机会访问了会津若松的寺小屋（即私塾——译者注），也就是历史上有名的“白虎队”志士的孩子们去上学的地方。在那里，我受到了一次很大的震撼，当时用来教导孩子们的教义竟然是“做不成的事就是做不成”，这跟“有志者，事竟成”不是正好相反吗？

但是我却觉得，这一说法是更加贴切、合适的。人生并非只要通过努力就能做成一切事。正因为如此，我们才要为了不留下悔恨，尽人事而听天命。我深深感到，正因为胸怀这样的哲学，这些孩子们才会拥有坚守城池直到最后一息、奋勇将身迎白刃的精神力量。

对于那些深感无力，已经厌烦了“有志者，事竟成”这句话并对其产生了怀疑的人来说，把心情调整成“做不成的事就是做不成，所以就尽力去做自己能做成的事吧”，然后再去努力，说不定是另外一条道路呢。

⊙ Point：设定好最坏的结局，这样就轻松了。

09 该如何忘记想忘掉的事情呢？

关键词：忘记　悲伤

“被恋人甩了，这么悲伤的事，真想快点忘掉。”大家都有过类似的经历吧，越是想忘的事情就越忘不掉。这也是只有在人类身上才会发生的现象。

若心里有想要忘记的事，男人的话会去喝个一醉方休——以前有过这么一首老歌。但是，就因为实际上就算喝个酩酊大醉也还是不能轻易把事情忘掉，大家才会烦恼。

也许你听说过这种似是而非的话——“所谓忘记就是不去想它”，据说这是忘记不快经历的最快捷径。“努力去忘记，为了不想起来而拼命压抑思想”，这在心理学上会起到完全相反的效果。为什么呢？原因在于，当你想到“那件事我已经忘光了”的瞬间，大脑回路中必然会通过这样的思想——“哎呀？那忘了的，到底是什么事来着？”正因如此，想要忘记的内容反而会更加鲜明地浮现在记忆里。这真是莫大的讽刺啊。心理学家文格纳称这种现象为“具有讽刺意味的过程理论”。

为了从这种讽刺性的脑回路中解脱出来，就只有一直思考那件想忘记的事情，直到大脑跳闸为止。思考、思考、思考，思考到最后就会成为“不再想着要忘记它了”。

人类的大脑拥有一项很不错的机能，那就是对事物的兴趣会在半年后转淡。将其转换为图表的话，被称为“忘却曲线”，即无论多么大的伤心事都会在半年后渐渐淡忘。为了使这一机能健全地发挥作用，我们也必须要好好地检视自己的“伤口”。

消极事件的“忘却曲线”

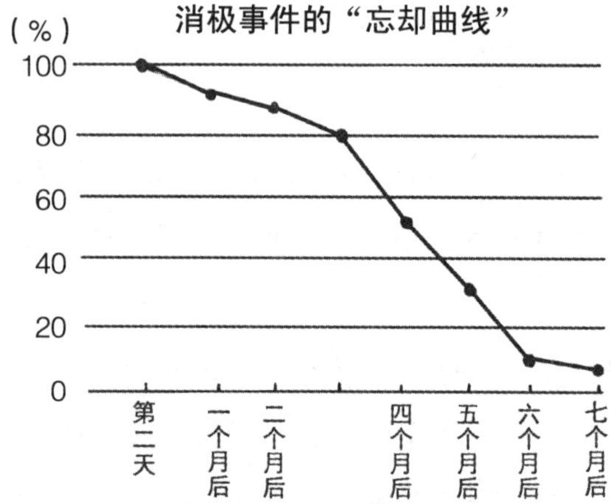

有的人表示自己连半年也等不了。对于这样的人，我这里还有能立即发挥作用的秘诀，我将其命名为“擦盐疗法”。具体方法是：再次踏入“正在想的那件事”，把那些痛苦的经验写在日记上，然后用自虐的方式跑去和人倾诉。就在不断地重复这一行为的同时，渐渐地就会开始想“算了，管他呢”，然后变得对那些事厌烦起来。

在失恋的时候，女性往往能立刻从打击中站起来，而男性却拖泥带水地想不开。这是因为女性有立刻把失恋的事情向友人倾诉的倾向。如果想要尽早忘记，就沉浸在悲伤中，一边想一边尽情哭，写日记，并且向他人倾诉吧。这就是最后的奥义。

这一擦盐疗法，虽然一时会让伤口更加疼痛，但是你也能够期待它发挥戏剧性的恢复力量呢。

⊙ Point：只要度过半年，悲伤就会消失掉了。

10 为了装帅而撒谎

关键词：**自我展示　谎言**

人类多少都有些想要装扮自己的欲望，特别是在异性面前，任何人都想让自己看起来漂亮或帅气一点儿。这和雄孔雀会大大地伸展开尾羽招引雌孔雀的现象是一回事。

正因如此，在恋人这种关系模式中，就算多少说些谎，也应该在可以容许的范围之内吧。还有人极端地说，恋人这种关系就是建立在“互相欺骗”的基础上的。以此为前提成立的关系有不少，例如高级俱乐部的女招待和客人之间的关系也可以这么说。但是在这种场合，双方都心知肚明，清楚这一关系是一场游戏。而我们所说的情况并不是所谓的谎言。在心理学上，把让自己的形象看起来更加良好这一情况称为“自我展示”，并把它与谎言加以区别。

只是，不能用自我展示这一概念加以终结的事件也是频频发生的。例如，在最近经常被报道的结婚欺诈案件中，便有不断的谎言，最后终于发展成杀人事件。看上去非常普通的女性，却玩弄着数名男性，从他们身上获取巨额的金钱，最终导致有人自杀，自己也被杀害。这已经不再是自我展示，而是重复欺骗行为，是性质恶劣的犯罪。

像这种可怕的案件暂且不提。普通的恋人之间，即便自我展示的行为露馅了，对方也能毫不费力地一笑置之吧。恋爱这种东西就有那种互相向对方要帅的一面，所以也有人说根本就没有那种完全不知道自我展示的恋人关系。

不管是男性还是女性，在展示自身的初始，双方多少都会有点虚张声势，然后一步一步地发展成为浪漫的恋人关系。在这个过程中，彼此之间渐渐地发现对方的真实面目并理解、接受，然后下决定，选择对方成为人生伴侣。

正因如此，我认为对于恋人或夫妻来说，没有必要向对方说明："那时说的是谎话，其实我一直想告诉你真实的情况。"就男女之间的关系来说，有时候太正直其实也是不会办事啊。

⊙ Point：正直并不总是最好的。

11 你有没有兜售自己的不幸呢？

关键词：不幸　丧家犬效应

以前有一首名为《兜售幸福的男人》的法国香颂（法国16世纪之前流行的民歌——译者注）。我觉得如果真能买到“幸福”的话，就算有点儿贵恐怕也值了。不过话说回来，首先就没有想买“不幸”的人存在吧。话虽这么说，想把“不幸”当商品卖出去的人却有一大把呢。

“我长得又不可爱”“我又没有钱”“我脑筋不灵光啊”“我没耐性”“我不招异性喜欢”……别人明明根本没问，却总有人主动地倾诉他们的缺点。这可是件损伤自己的事。拿拳击比赛举例来说，这就像在上场之前就已经认输了。

这个时候，听取的一方会怎么样呢？一定是在心里默默念叨“那种事就算你不说我也看得出来”。不管怎么样，就像那句古语“他人的不幸是最美的蜜糖”所说的一样，人类社会就是建立在窥探他人不幸并沉浸在优越感这种心理状态之上的。

只要你平常多看新闻，就应该能明白吧，不管是电视上的杂谈，还是周刊杂志，都一股脑儿地充斥着知名人士的不幸话题。人们多半都会道一声“哎呀，挺可怜的”，然后兴致勃勃地接着看下去。只是，作为丑闻缠身的名人之人气挽回手法，它还有“丧家犬效应”这种功能存在。也就是暴露自己的“不幸”和“软弱”，从而实现闪亮变身的秘诀。但是，不管是针对名人来说，还是针对并不出名的一般人而言，这种手法并不是通用的。

因此，即便你朝外兜售自己的“不幸”，也没有任何意义。就算对方脸上露出了同情的表情，他心里也会想“可不是嘛，就你这家伙”。你不要忘记，别人是在心里一边念叨着这些，一边沉浸在优越感里哦。

根据我的实验结果，人对第一次见面的人形成的印象，基本在两分钟之内就会固定下来。在这两分钟的时间里，如果你“丧家犬”的形象表现太过头的话，就要一生背负着“不幸的家伙”这个印象了。虽然我们没有必要一开始就表现得骄傲自大，但是如果太过卑躬屈膝，就算一时讨好了对方，从长远看来，受到损失的人也会是你。所以，最好还是多加注意。

⊙ Point：卑躬屈膝只会损害自己。

12 无法从缺乏上进心的生活中脱身

关键词：上进心　奖励自己

不管我们身在何处，从上小学的时候开始就会一直被人说“要有上进心”。这句话本身就有些掷地有声的伟大感。虽然对“上进心”这事并不十分明白，但不可思议的是，听了这句话就总觉得懂了什么似的。只要看看老师、老板、上司等人口中是多么频繁地说出这句话，就知道它是一句使用起来多么方便的话了。

在词典中可以查到“上进心”的意思是“不满足于现状，追求更好、更高的结果”。简单讲，也可以说是“认真积极地做事”吧。

不过，上进心好像未必就等同于积极。为什么这么说呢？因为每当向那些发牢骚说“我缺乏上进心”的人询问“你的意思是说你没有做事的劲头吗”的时候，他们一般都会回答“不，劲头那东西是有的”。

上智大学的奈须正裕教授经常说：“比起‘积极’，有‘热乎劲儿’的人更多。”这句话大概就是在说上面这一现象吧。

与其说是有“积极做事的劲头”，还不如说是拥有近似于着急的“热乎劲儿”。但是再怎么说，这也不是具体的欲望，而只是一个劲儿催促自己的情绪上的焦躁感。这种焦躁感和上进心完全扯不上关系。

在这种时候，让我们来试着这样考虑一下吧。请让自己养成一个习惯，来给“为了○○而努力”这句话中的“○○”选择一个合适的词句。

如果是工作上的事，你心里是不是会涌出“涨工资”“提升业绩”“升职”“提高家人的生活质量”“买房”等种种想法呢？如果已有恋人，那么就会把女朋友（男朋友）的名字填进去；如果有什么想要买的东西，就填上“游戏”“超薄电视机”之类的词汇也好。总而言之，只要有什么具体目标的话，“热乎劲儿”就会变成“积极的劲头”了吧。

也就是说，不要执着于“上进心”这一宽泛模糊的词汇，而要把身边触手可及的、对于你而言最关心的事物设定为目标。这样一来，在不知不觉之中，上进心就会变得丰满起来了。说自己没有上进心的人，多数都是因为没有把视线集中在那些目标上的缘故。

人类本来就是带着满满的好奇心出生于这世间的，只要看看婴儿的脸就能明白这点。

尽管如此，成长过程中在通过学习学到有益知识的同时，就如同我之前说过的，也会学到“不管怎么做都是无用功，光是努力是不行的”这样的学习性无力感。之所以没有上进心，就是因为落入了这种“地狱陷阱”的缘故。

因此，我认为即便始终维持着内在动机（参照P10），也要重视在实现目标的时候好好奖励自己，准备一些具体的“糖果”，掌握把自己从地狱中拯救出来的秘诀。

⊙ **Point：奖励付出了努力的自己。**

13 无法产生同情心，是自己冷血吗？

关键词：同情心　冷血

有人肆无忌惮地说“我是个冷血的人”“我不会同情别人”。然而当真如此吗？我认为应该不会有人笃定地说，自出生以来一次也没有对他人产生过友好的心情，一次也没有同情过别人。

当用“冷酷”“温暖”这些词汇来形容人心时，说的也只是程度上的差别罢了，并不是用体温计能测出来的那种绝对的数值。这些词汇能表现出来的应该也只是和某个人相比，自己是冷淡还是热心而已。

不管是谁，都会对境遇比自己悲惨的人油然产生同情心，见到美丽的花朵就会自然地想“好漂亮”，遇到有趣的事就会欢笑，遇到悲伤的事就会哭泣。人类本来就是感情动物，只是不能计量感情的程度，不能比较感情的等级。

换言之，同情心是深还是浅，这是极其主观的事。就算自认为非常冷酷，但可能你远远比别人更容易产生同情心，被周围的人尊敬说“那可是个热心人”的事情也是有的。

比如说，公司里的女职员被上司严厉地批评了，跑到茶水间放声大哭，大部分同事前去安慰，而有的人因为没有去安慰便被周围人贴上“冷淡”的标签。但是，被上司斥责总伴有相应的理由，如果是被毫无道理地批评了一顿，那么比起安慰来说，更应该做的是一起去向上司抗议。能陪着一起去抗议的人，才是真正能被评为热心人的吧。

凡是觉得自己冷酷的人，其实多半都是不会因为一点儿小事就让内心产生动摇的类型，并且对“自己是不是很冷淡呢”这种事过于在意。虽然在周围人看来，你可能显得冷静沉着，甚至于容易招来一些消极的误解，但是完全没必要苦恼自己是不是“不会同情别人的冷血人”。

在这个世上，不存在没用的人、不被人需要的人。既存在好管闲事的人，也存在 Cool 类型的人；既有好挑战的人，也有慎重沉着的人。不管什么性格的人，在生活和工作中都承担着保持平衡的重要任务。

⊙ Point：**你并不是冷血，只是冷静而已。**

14 有没有一味羡慕别人呢？

关键词：**羡慕　梦想**

面对比自己优秀的人，产生羡慕的心情是非常自然的。对方既有可能是像梦境般遥远的存在，也有可能就存在于附近，只要自己加把劲儿就能赶上。

向孩子们问起将来的梦想，答案中常会出现“职业棒球选手”“足球队员”“电影明星”等，但这是在描述十年、二十年之后的未来的梦想。在心理学上，这被称为远期目标。

另一方面，被身边的同事升职这一事件所触发，自己也朝着这个方向赶去，把它设定为半年或一年之后的目标，并朝着这个目标每天持续努力。这被称为近期目标。

提起目标，大部分人往往都比较容易想到远期目标——将来自己想变成什么样。如果心里只有这个目标的话，就会把一切都摆在遥远的存在这一位置上，一味地羡慕成功人士，结果自己完全产生不了任何动力。“事情明天再做吧”，像这样，心理上开始偷工减料。

如果要引发“我也要向前追赶”这种感情，光靠怀有憧憬是不行的。

重要的是，十年后想变成什么样子，以及为了达成这一目标，在一周以后应该做成什么事情。像这样持续努力下去，即让远期目标由近期目标组合而成。

职业高尔夫球手石川先生，以及职业棒球选手一郎先生，也并非只抱有“要成为世界级选手”这一含混模糊的目标，而是将其分解为“每周确认一周训练和食物疗法的成果”这样的近期目标。通过利用这一方法，保持着不会被挫败的精神力，现在也光鲜亮丽地活跃在运动场上，我认为这么说也不过分。

⊙ Point：为了将来的梦想，而在今天努力。

15 是否对看不到未来的自己感到厌烦呢？

关键词：**描绘未来**

在老电影《卡萨布兰卡》中有这么一组台词：

女：昨天你上哪儿去了？

男：那么早的事早就忘了。

女：今天晚上能见面吗？

男：那么晚的事谁知道。

真是够干脆的对话。因为是以第二次世界大战为背景的电影，所以在这些话中，也具有“连几个小时之后的命运都是未知数”这种现实性。如果在今天这么说话，女的很难说不会立时扇过去一个嘴巴，因为我们生活在一个和平的世界里嘛。

那么，如果让你描绘一下将来的自己的话，你会想到多少年之后呢？而且，你能够清晰地描绘出自己将来的影像吗？对于这两个问题，恐怕大多数人都会觉得很模糊，而且一开始就没考虑过要描绘什么“未来的影像”吧。

我也只有在当小学生的时候，被吩咐过“写一下将来的自己”。那个时候，我恍如做梦一般写了写将来从事着各种不同职业的自己。不知不觉中，我们不再考虑这些事情，就连自己一年后将会是什么样子也不确定了。

面对这一情况，也有位上司训导我说：“这样是不行的，必须描绘出十年、二十年后自己的形象，并且努力工作。”不过，自己十年后将会变成什么样，就算描绘不出来也是理所当然的啊。在孩童时期尽管能描绘自己的梦想，实际上说穿了也只不过是要成为“优秀的大人”的遥远梦境。要说到能毫无差错地看见自己将来的影像，那恐怕只有临终的时候才能办到了。

话虽如此，尽管是件模糊的事，但如果看不到之后的事，也会不安起来吧。暂且先想一下明天，可以的话一个月以后，努力的话一年以后，如果有抱负和欲望，就试着考虑一下三年以后的自己。即便产生不了明确的影像，大致也能描绘出一个模模糊糊的自己。如果能对这一假想的自己的姿态加以肯定，那么就先朝着最近的目标努力。如果能朝着自己想去的方向前进，那么也就能解除对将来的不安。

能够明确地描绘出十年以后自己的影像，并朝着这一影像大步前进的人估计是很稀有的吧。与其苦恼着这个自己描绘不出来的遥远的影像，不如先想象一下能想象得出来的站在不远的将来的那个自己吧。

⊙ Point：试着描绘一下三年以后的梦想。

16 过去的失败怎么又发生了？

关键词：失败分析　成功

从生到死，人类会经历多少次失败呢？如果把大的失败、小的失败全都算上，最后会膨胀为一个庞大的数字吧。这是一般的情况，如果有人说“我长这么大一次都没有失败过”，那肯定会被指责在说谎。

我想无论谁都想避开失败，人们都在尽量为了不失败而作出努力。但是，即便努力也会失败，这是因为我们在做的事不是由机械来完成，而是由人来完成的缘故。

从一次失败中我们可以学到很多。根据学来的经验，我们应该不会再失败第二次才是。明明应该是这样，但是我们也能看到说着“这不是又犯同样的错误了嘛”而畏首畏尾的人。这是因为这些人把那个叫作“失败”的洞穴看得太大了。这些人尽管学到了避开洞穴的方法，但是却不能活用经验，勇气也不够足。

如果你既无避开洞穴的智慧，也无从洞穴上方一跃而过的勇气，那么就只有“咣当”一声，再次失败的份儿了。只是战战兢兢地让思考陷入死胡同是不行的。因为如果失败了两次的话，就应该得到两倍的学习效果才对。

失败的时候，人们肯定会问自己“为什么”。有一位叫作韦纳的心理学者，提出要把失败的原因大致分为四类，即“运气”“课题的难易程度”“努力·方法”和“才能”。对于多次失败的人来说，虽然把原因归结为“才能”比较容易，但是这可帮不了自己。要是情绪低落地认为“我没有这份才能，总之是不行”，那么就连再挑战一次的心力都没有了。

正因如此，暂且把原因归结为“运气不好”，或“只是这次的考试太难了而已”之类，让心情先平稳下来，才是最重要的。为了保证心理健康，找些借口也不是坏事。责备自己是最不好的了。

然后，等到心情多少轻松下来的时候，再稍微改变一下反省的方式。比如说“大概应该再努力试试吧”，或者“再想想其他的方法吧”之类的，以便产生继续向前的动力。

就像有“失败学”这一词汇那样，没有一个失败是完全无用的。重要的是，找出“好不容易得来的失败的价值”，下次做事的时候把它活用起来。一般的失败，在重新改正之后都能成为利器，不管是失恋的失败、考试的失败、结婚的失败都是这样的。失败的学习效果必定连接着成功。

⊙ Point：分析失败是走向成功的第一步。

17 是否深信自己“不行”呢?

关键词：自卑　自我肯定

在进行自我评价的时候，有的人非必要地打分很严格，属于那种会认为“我是个失败者”“反正我不行”的自卑类型。也正是这些人，当你问他们到底在什么地方不行的时候，他们又给不出明确的回答。大多数情形下，他们只是模糊地认定是这么回事而已。

当这种认定到达一个界限点的时候，恐怕就要怀疑他是否患上精神疾病了。自己是个失败者，自己生到这个世上来是件好事吗？什么时候就会变成流浪汉吧……如果陷入这种在妄想中责备自己的情况，那么就有可能已经患上忧郁症了。

在这里暂且先放下忧郁症的话题。最近，稍微一点儿事情就动摇自信心的人似乎增多了。到底是因为什么而觉得自己“不行”，这个判断基准是因人而异的，很难预测到底是遇上什么事而使人深信自己“是个失败者”。有可能是被上司说“你这个人派不上用场”，或者被恋人说“你这个人真没用”，也有可能是考试落榜、上班总迟到、被人骗走钱，这些都可能是原因。要想摆脱失败者的形象，首先从寻找原因开始。

在整个人生中一次挫折也没经受过，这样的人是不存在的。我也是一样，在人际关系和工作中不知道经受过多少次挫折。你应该也经历并克服过不少的障碍，就算偶尔出现了让你觉得自己“不行”的事件，你也应该寻找原因，并加以解决，对吧？

深信自己“不行”而停滞不前的人们，说不定只是一时忘记了过去跨越障碍时的那种喜悦心情而已。

另外，比一切都更重要的事是，让自己变得喜欢自己。这在心理学上被称为“自我肯定感”。生存在这个世界上，这是最重要的能力。如果不能喜欢自己，就无法从内心深处去爱别人。

为了提高自我肯定感，不断地去做社会所希望的事，这是有其必要性的。比如说，在车上给老人让座的话，就会得到老人的感谢吧，与此同时，你自己也会感到开心，从而喜欢上自己。当产生“我照顾到别人了”的快感时，自我肯定感也在节节升高。

在说自己是“失败者”的人之中，大多数都是在逃避与社会之间的交流，就算老人站在自己面前也佯装不知道。这么一来，自我肯定感就降得更低了。变得喜欢自己，这可是从认定自己是失败者的心理状态中解脱出来的捷径。

⊙ Point：首先喜欢上自己。

18 能抓住幸福的人和不能抓住幸福的人

关键词：幸福　珍惜

就算是同样说出“幸福”这两个字，幸福也是有大有小的，这个人的幸福感和那个人的幸福感当然也有所不同。有人看见午餐在打折，比平常省一两块钱就觉得超幸福，而相对地，也有人想“怎么才便宜一两元呢？也忒小气了”。但是，正是那些能珍惜小小的幸福的人，才能最终抓住大大的幸福。

举个例子，让我们来看一下恋爱的发展过程吧。我们与素不相识的人偶然相识，在对话中产生小小的幸福感。在约会中，这些小小的幸福感不断叠加重合，最后终于变成结婚这一大大的幸福。

在这种时候，如果对小小的幸福草率敷衍，或者根本不去感受这些小小的幸福，那么这幸福也不会变大。如果不珍惜和积累小幸福的话，恋情早晚会破裂，落下不幸的帷幕。不管在什么事情上，突然获得极大的幸福是非常困难的。尽管大多数人都羡慕有钱人，但大富豪也不见得就一定幸福。例如，在遗产继承问题上，骨肉相争这种既难堪又让人觉得可怜的事也是屡屡发生的。

拥有什么东西就能觉得幸福呢？这虽然因人而异，但是拥有与自己相合衬的幸福，并珍惜它，才是最重要的。

能够与幸福友好相处的人，才能把幸福抓在手里。

⊙ Point：不管多么小的幸福都要珍惜。

19 为什么人们会冲去抢购呢?

关键词：地震　抢购　恐慌

2011 年，东日本发生了大地震，其造成的灾害之巨，并不是一句两句就能说清楚的。特别是，日本东北地区的防灾意识很强，防灾准备也非常充分，受灾还是那么严重。我想，通过这一事件更强烈感受到了大自然的恐怖一面的人，应该不只我一个吧。

不仅如此，这次地震掀起的海啸还使位于福岛县的核电站遭到了破坏，放射性物质泄漏到外面的空气以及大海中，给世界上的人们造成了极大的冲击。庞大的人群在同一个冲击性的事件面前，心态也变得一致起来，使得集团心理更容易发挥作用。这就好像在演唱会上集合到一起的人群，在集团心理的作用之下，热情高涨、狂躁骚动，从而特别容易引起暴动。

这一次，多数人群也被集团心理所迷惑，叫嚷道“物资要出现匮乏了”，从而出现了抢购方便面、面包、大米、牛奶、干电池，还有手纸的骚动。为了打破这一局面，政府虽然在呼吁停止抢购，但是抢购风潮还是没有很快终止，持续了大约一个月。

在这里，是越说“别干了”就“越想干”的心理起了作用，导致人们无法进行冷静的判断吧。人类的心真是脆弱啊。

实际上，在1970年下半年的石油危机中，也流传过“手纸不足”的流言，日本人到处抢购。电视上曾经放映过那个时期的录像，大多数的人看了那个，都笑着说“以前的人怎么那么傻啊”。但是，到了被称为信息时代的当今社会，人们还是没什么变化。

有人说，为了防止恐慌，我们有必要建立一个能普及正确情报的系统。在这次的地震灾害中，当手机和座机都打不通的时候，推特（Twitter）就在人们确认灾情及调配物资方面起到了重要的作用。人们都注意到了推特的价值和重要性，过去和推特无缘的人们也开始关注起它来。

但是请不要忘记，推特也是位于口头情报的延长线上的事物，因为任何人都可以参与对话。在获得细小情报的同时，我们也可能接受谣传和谎言。在这种情况下，正确性就成了重要的问题。

在上推特的时候，这个情报到底是正确的，还是谣言，必须由接受情报的人自己加以判断。如果不这样做，就算自己没有恶意，也有可能把谣言转发给了别人，而且这说不定正是引起恐慌的原因。

不陷入谣言和恐慌的秘诀，就在于保持一颗平常心。要用善意的目光去看着那些叫喊“手纸要没了”，并排起一条长龙抢购的人们。另外，我也希望各位抛弃那种“只要我一个人得救就行了”的自我中心思想，心中常持有“要支援困难的人”的信念。

⊙ Point：用体贴别人的心来避开恐慌。

本章小结

1. 单纯挑别人的毛病这件事虽然会让你毫无收获，但是在多数情况下，你一定能从让你产生这种情绪的人身上学到一些东西。

2. 如果心里充满着“只有我一个人”的想法，就会看不到周围，心情从而变得暗淡；如果把它切换为“大家都挺不容易的啊”，那么就能以平静安稳的心情度过每一天了。

3. 从精神健康的角度而言，只要有合乎自己身份，对于自己来说合适的幸福就够了，没必要越过这一界限。

4. 即便工作和报酬没有任何关系，自发埋头工作的人也能靠自己怀有的热情一辈子持续努力下去。

5. 让自己的心情一段时间内处于消极的一面，反而能够快一点儿找回平常的自己。

6. 能吸引别人的会话技巧在于成为善于倾听者。

7. 不去抵抗那些苦恼，也不让自己从那些苦恼身边逃离，而是认同苦恼的存在，甚至于尽情地体味苦恼，才是从恐慌中脱离的捷径。

8. 如果我们事先想到了最坏的结果，而当好的结果出现的时候，喜悦也会两倍、三倍地返回来的。

9. 擦盐疗法虽然一时会让伤口更加疼痛，但是你也能够期待它发挥戏剧性的恢复力量呢。

10. 就男女之间的关系来说，有时候太正直其实也是不会办事啊。

11. 虽然我们没有必要一开始就表现得骄傲自大，但是如果太过卑躬屈膝，就算一时讨好了对方，从长远看来，受到损失的人也会是你。

12. 不要执着于“上进心”这一宽泛模糊的词汇，而要把身边触手可及的、对于你而言最关心的事物设定为目标。这样一来，在不知不觉之中，上进心就会变得丰满起来了。

13. 凡是觉得自己冷酷的人，其实多半都是不会因为一点儿小事就让内心产生动摇的类型，并且对“自己是不是很冷淡呢”这种事过于在意。

14. 重要的是，十年后想变成什么样子，以及为了达成这一目标，在一周以后应该做成什么事情。

15. 与其苦恼着那个自己描绘不出来的遥远的影像，不如先想象一下能想象得出来的站在不远的将来的那个自己吧。

16. 重要的是，找出“好不容易得来的失败的价值”，下次做事的时候把它活用起来。

17. 变得喜欢自己，这可是从认定自己是失败者的心理状态中解脱出来的捷径。

18. 能够与幸福友好相处的人，才能把幸福抓在手里。

19. 不陷入谣言和恐慌的秘诀，就在于保持一颗平常心。

第二章

你能自由操纵人心吗?

01 如何让别人对自己唯命是从？

关键词：人心操控术　无视　糖果

要是能让别人的行动都按照自己所想的那样进行的话，那可就太方便了。实际上，在我以前曾经与之交谈过的大企业的社长中，大部分人都在人心操控术这一方面有各自不同的经验，在高明地差使并操纵部下乃至顾客的行动上很有本事。

操纵对方的方法，从某种角度上来说就是高明地使用“糖果”和“鞭子”。行动心理学上也是这么考虑的。比如说，在训练赛马的时候，或者让海豚、猴子、狗记住如何表演的时候，当它们训练顺利时就给予奖赏（“糖果”），失败时就加以斥责（“鞭子”）。像这种调教的方法，是大家都会使用的正统方法吧。

理论上，这个原理也可以应用在人的身上。在大部分的公司里，都会发生很多既受到表扬又能听到上司批评的事件。另外，也有不少上司为了让部下立功而先给他们一些诱导刺激，就像在驴的鼻子前面吊根胡萝卜那样。那么，上司的这种行为从心理学上来说有其道理吗？那些用在海豚或猴子身上的招数，对人也能奏效吗？

就结论来看，还是有不同的。这是因为人类和动物不一样，有着极高的自尊心。正因如此，如果你对一个人持续不断地“下重鞭”，说“跟你说多少次了，你怎么还不懂”或者“再做错事就给你减工资”的话，这个人的心情就会变得非常难过，进而开始生气。言语暴力会让人做事的热情萎缩下来。

不过，在被大声呵斥时的一瞬间，人会因为恐惧而心脏战栗紧缩，这确实也能收到一时的效果。不过，心理学的实验已经证明，这种威胁不能长期性地在人身上起到作用。

很多大企业的社长都是这么做的，当部下没有按照自己的想法行动的时候，就先装作什么都不知道，不向他透露任何风声，绝对不去伤害他的自尊心，而是一直在旁边默默地注视着，直到对方自己意识到做错了为止。然后，即便部下只是偶然做了自己所希望的事情，也要趁这个时候接连不断地给他“糖果”。

不断地给部下以刺激，在众人面前赞赏他，带他出去喝酒，像对待客人那样招待他……这样产生的效果是非常明显的。也就是说，最有效果的人心掌握术并非是交替使用“糖果”和“鞭子”，而是在平常的时候选择无视，一旦对方做得好就给予“糖果”。

这种方法也可以使用在日常生活中。比如说，面对压根不跟自己联系的恋人，如果斥责说“怎么不给我打电话”（“鞭子”），就会让对方感到害怕，从而愈发觉得联络你是件很要命的事。不过，暂且先忍耐下来，采取无视的态度，等到对方某一天一时兴起打了你的电话，那时就是绝好的机会了，你只需要高兴地说“听到你的声音就好开心”“跟你说话好愉快”（接连不断的“糖果”），对方就会开始积极地联络你了。这正是行动心理学的大原则。

进一步来说，以下这个就是非常高级的技巧了，那就是时不时地拿走“糖果”。这能让对方更加按照自己的想法行动，可谓有着爆发性的效果。不管对方多么按照你的想法去做事，也并不是每次都把“糖果”给他，而是每5次就有1次拿走“糖果”！在小白鼠实验中，这种做法收到了很好的实验效果。

有一种状况，它的心理学用语是“间隔强化”（间隔一段时间就拿走“糖果”的教育法）。上述方法就是通过故意造成这种状况，遵循5次里有1次的频率——5次里有1次，这是最容易引起对方注意的数值。一直能拿到的“糖果”没有拿到这种状况，会使对方忍不住地去想：哎，到底怎么啦？而这正是你的精心策划。如果你觉得用“糖果”和“鞭子”确立起来的人际关系似乎渐渐变得陈腐起来了，那请你一定要试试这个方法。

⊙ Point：平常采取无视的态度，有了好结果就给“糖果”。

02 如何让赞美正中人心？

关键词：赞美　乔哈里之窗

听到赞美，谁也不会产生不快。正因如此，说会赞美别人的人是人际关系高手，应该是不会错的。

但是，说不是那么切中要害的话，只是一个劲儿地赞美，这样是不行的。确切地说，那会起到相反的效果。赞美别人也不是一件容易的事啊。如果不能紧紧抓住对方的心，用能给他带来喜悦和感动的方式去赞美他的话，反而只会给他留下“这个人净说谎”的印象。

假如享誉世界的女演员玛丽莲・梦露此刻就站在你的面前，好了，你打算怎么赞美她呢？估计人们心头常会涌起的话是“您今天很性感啊”“您真有吸引力啊”——差不多就是这样的感觉。但是，不管怎么反复说这些话，梦露本人也不会有任何感觉了。这种话听得耳朵都起茧子了，她本人很有可能会觉得这是理所当然的。

正因如此，继续赞美梦露性感的话，就属于后面要说的“乔哈里之窗”（心理学整理出了人的四种人格侧面，并用研究学者的名字命名为乔哈里之窗）中的“open self”（自己本身和别人都知道的自己＝已经打开的窗户）范畴，并不能起到任何作用，只是在做无用功而已。

实验结果表明，如果只说些众所周知、理所当然的事，那么不但不会让对方高兴，相反地还会让其感到你在说恭维话、目的可疑，甚至只会令人腻烦，让人感到你很轻薄。因此，请一定要多加注意。

那么到底赞美对方什么地方才是正确的呢？那就是当事人自己不知道，只有别人知道的地方，也就是“blind self”。如果能高明地赞美别人以前不知道的地方，那么谁都会心怀感激。“哎呀，真的吗？我身上还有这一面吗？您真是很关注我啊。”对方会像这样既意外又感激。正是这份意外，才是赞美中所应该含有的关键点。

乔哈里之窗

那么，让我们回到原先的例子上，在遇到玛丽莲·梦露时，应该赞美她什么地方，才能给她留下深刻的记忆呢？比如你可以说“我感觉您的戏演得有一种知性美”，或者“我实在很喜欢您压低声音，露出

忧郁神情的样子”。这些话难道不是她不经常听见的那种话吗？

只被他人知晓的自己＝也许能被打开的窗子，敲击这扇窗，就能加深你的人际关系。去寻找并指出你能看到，但对方还没意识到的他的魅力、能力吧。这可能比较难，不是那么容易就能做到，但实际上这就是最有效果的终极赞美技巧。在四扇窗子之中，能找到也许能被打开的窗子并针对这点加以赞美的人，就是赞美的高手了。

⊙ Point：最好去赞美对方没有察觉到的部分。

03 如何与陌生人搭讪?

关键词：隐藏的窗子　小缺点

有人常说“我这人不会说话”“我很不会引入事例来谈论事情”之类的话。这些人在会议之中当然会卡壳，就连私人谈话中也总是说不出话来。但正是这些人，一旦灌上两杯酒，就会像大坝决堤一样饶舌起来。

根据乔哈里之窗理论，这些人可以被称为紧紧封闭着“hidden self”（只有本人知道的自己＝隐藏的窗子）的人吧。如果他们能在酒席上畅所欲言起来，那么打开了这扇窗子的，恐怕就是美酒了。

其实任何人心里都有一扇隐藏的窗子，因此也不需要特地借助酒精来勉强将其打开。大家心里理所当然地都有些想要当作秘密封存的事，我觉得正是这点才展现了人类独有的品位。但是，如果秘密主义使你无法和别人进行交流的话，那么，把隐藏的窗子稍微地打开一点，让对方往里看看，说不定能让你轻松起来。

例如，请想象年轻的妈妈第一次出现在公园的场景。与以前没见过面的人搭讪虽然很难，但是只要把孩子当作话题不就可以了吗？

“好可爱啊”“几岁啦”，像这种不得罪人的圆滑的对话很容易展开。如果再进一步发展到“您住哪片儿啊”“这孩子有兄弟姐妹吗”，就能自然地聊起来了。搭话的内容应该是身边的话题，任何人都能很轻易地回答上来才好。

心理学上所说的交流三大要素是：

用问题表达自己的“兴趣”；

反复询问，直到对对方的话题感到满足为止的“同步”；

基于对方的话语，积极地表达自己感想的“赞赏”。

这三者是缺一不可的。如果能稍微把这三要素有意识地交织在对话之中，那么不会说话的自卑感应该就能大幅减轻。

当然，如果能在此时把“只有自己才知道的自己”（隐藏的窗子）积极地打开，在交流中加上这一能动性的话，那么就更是如虎添翼了。如果只是听别人说话，完全不谈及自己的事的话，也会令对方产生不安的心情乃至于不信任感吧。

在这里，我推荐那些不善于谈论自己的人，尽情地暴露自己的小毛病吧。比如说“我这人很认生，很不会说话”“昨天我做了一大堆咖喱，可是好难吃啊”“我是个路痴，花了一小时在这附近转悠呢”，像这样轻快一点儿说话。如果能不害羞地把这些话说出来，谁都会对你产生亲近感和好印象的。如果能先展示出自己的小缺点，对方会对你怀有好意，你就可以以此为契机让对话很容易地变得热火朝天起来。

⊙ Point：暴露自己的小缺点，使之成为展开对话的机会。

04 努力找出对方的长处

关键词：长处　好意的回报性

“我讨厌松露的味道！”这种人虽然很少见，但也还是有的。到了秋天，大家都开心地叫着说“走，吃当季的松露料理去”，结果只有那个人对松露连碰也不碰，只是拿沙丁鱼干当下酒菜，一个人闷头喝酒。对食物的好恶也真是因人而异啊。

不过，谁都有偏好的食物，讨厌松露这种事最多成为大家的笑料。比起食物来，更加深刻的问题在于对人的好恶。

说起对人的好恶很强烈的人，也可以将其说成是认生的类型。

在人的成长过程中，大多数人在婴幼儿时期就结束认生时代了，但是，也有不少人长大成人之后还是没能把认生的性格消除。认生并不一定是坏事，而是能把人分成“可以保持亲密关系”“应该与之分离”等类别的能力。

但是，在不能找个借口就和人分开，必须跟人在一条船上的职场中，这个性格大概就会造成很多不便了。

心理学上把这称为“初期效应”，也就是我们在前面说过的第一印象。第一印象给人留下的记忆，在漫长的时间里都是很难修正，并且是会增长的。

“能不能和这个人很好地相处呢？应该去跟他交往吧。”在产生这种审核对方的想法时，你有没有想过，其实是我们需要让对方喜欢我们才对。现在可不是认生的时候啊。

因此，就算再勉强，也要先找出对方的优点，然后去喜欢上这个优点，就是重要的能力了。倘若怀着对对方的好意经常向他表示感谢之情，那么就一定会获得相应的积极的回馈。

简单来说，如果我们先对对方持有好的印象，那么对方也会很容易地对我们产生好印象。在心理学中，这被称为“好意的回报性”。

在职场中，可能会有很多合不来的同事、尊敬不起来的前辈和上司，但如果能先努力去寻找对方好的一面，然后喜欢上这一面，最后也能收获对方的好意。这是一条捷径。

不管什么人，总会在某个地方有其好的一面。不要再盯着别人的短处，让自己喜欢上对方的长处吧。这样做的话，对方也一定会对你怀有好意的。

⊙ Point：**找出对方好的一面。**

05 只围绕自己说话的人没有朋友

关键词：善于倾听　善于对话

如果两个人聊得高兴，那么和对方在一起的时间就会变得充实起来。对着一杯咖啡就能聊上好几个小时的朋友或恋人，真是招旁人羡慕啊。

这么看上去，那两个人一定是善于倾诉和善于倾听的关系吧。

但是在这个世上，也有一直只说和自己相关话题的人，尤其以女性居多，例如“我男朋友啊……”“我养的狗啊……”“我家的父母啊……”像这样单方面地转换着话题，一个劲儿地说跟自己有关的事。

在进行心理咨询的时候，我也能感觉到这个倾向。作为倾听者，渐渐地能做的只有专心应和着“嗯，是这么回事儿啊”。对话在不知不觉间变成了一言堂的状态。

这么看来，对于一起去喝咖啡的对方来说，说不定会渐渐变成一种痛苦吧。

对话变成了一种痛苦的话，估计对方也只会想“和这个人一起喝咖啡我可真是受够了”，朋友也会在不经意间远离你。

问题是，说话的本人并不知道朋友为什么会离他而去。

又没有吵架，怎么会变成这样呢？陷入这种冥思苦想，并能意识到是因为自己只顾谈论自己的人可谓是少之又少。

我以前就一直强调，在会话技巧中，重要的并不在于说，而在于善于倾听。

美国的实验证实，一个劲儿地说话的人比起倾听的人更会产生“我跟面前这个人意气相投，下次还想见面”的感想。

与之相对，倾听的这一边会产生消极的想法，认为“和这个人没法说话”，而说话的一方却在拼命地提供话题。这真是讽刺啊。

因此，先把自己想说的事暂且放在一边，听听对方的话吧。一边拿出类似“哎呀，是这么回事”“那真是太好了”“好可怜啊”这种直白的反应，再一边说着“不过，我倒是这么想的”，若无其事地把自己

的意见加进对话中并将其进行下去。这是让对方的心情也好起来的秘诀。

说自己“我爱说话”的人，多半都是对自己的说话能力很有自信，却不善于倾听的人。真正地善于与人对话，其实是指能把对方的话题引出来，并让对方乐在其中的善于倾听者哦。

⊙ Point：善于倾听就是善于对话。

06 在会议中如何让上司接受自己的意见?

关键词:斯汀泽效应　位置

你是不是有过这样的疑问:在会议上,我们说的内容又没什么差别,为什么上司那么容易接受同事的意见,而对我的意见就怎么也接受不了呢?之所以会出现这种情况,恐怕并不在于你说的内容上,而在于你坐的位置不对。

有一位美国心理学者斯汀泽,持续观察了很多会议场景。通过50年的观察研究,他最终提炼出了非常耐人寻味的法则。那就是,就座的位置将对双方产生共鸣的难易度起到决定性的作用。

第一,互相正对着坐的人,容易反驳对方的发言;

第二,互相挨着坐的人,容易产生共鸣。

虽然以上结论看起来简单明了,但实际上当真如此。人们根据他的名字,把这种现象命名为"斯汀泽效应"。

对面而坐的两个人,再怎么说视线也会经常碰到一起,即不管怎么样,互相看到眼睛的频率会不断增加。如果正面对坐,视线却不相合的话,怎么也显得不自然。这么一来,人们就会产生对抗心——"可不能输给这家伙",就算没必要,也想说些反对的话。这就好像通过视线和视线的碰撞，产生了正面决战的状况。

在这个问题上，如果大家改为相邻而坐，那么除非特别有意识地去看对方，否则视线是不会相合的，因此不用看对方脸色说话，就能把问题解决。这样一来，自己就能够把精力集中在话题上，对方也能够认真地听你说话。

如果应用上这个理论，就能够使用在你的正对面座位上安排和你持相同意见的伙伴这一战术。让你的敌人坐在你的对面可是不利于你的哦。总而言之，先决条件是确保坐在不会和上司正面对上视线的位置。如果你的上司正好是那种特别容易拿出反对意见的人，那么最好的办法就是迅速坐在上司旁边，即“共鸣位置”。

街头推销仿佛也利用上了斯汀泽效应。你看，推销的人肯定都是从侧面过来与人搭话吧，基本上没有哪个推销员会从正面打招呼。这一定是因为推销员都有这样的经验：如果从侧面劝导顾客的话，顾客就会容易怀着好意听自己说话。虽然只是位置不同而已，却能使说服力产生不可思议的变化。

⊙ Point：**座位决定胜负。**

07 哪种视线不会伤害到对方？

关键词：视线　心理咨询位置

除了黑猩猩，和人类大脑最为接近的就是猴子了。也不知道这是不是可以说近亲变仇人，近年来，在日光等观光场所频发猴子抢夺游客物品的“猿害”事件，猴子的名声因此变坏了。

游客们也被频频教育，面对猴子“绝对不能看它的眼睛”。就算我们这边什么想法也没有，但只要和猴子的视线相碰，就会被猴子当成敌人，它们就立即对游客发起威吓的行动。

关于被直视了眼睛就产生攻击性这个现象，可以说人类也是有着同样倾向的。和猴子一样，直视对方的眼睛，就会使对方以为你想要攻击他。因此，在会议中尽量避免和意见不同的人正面对坐，这是一条明智的计策。

那么，在恋人之间是什么样的情况呢？

有人反驳：热恋中的两人不是会从正面彼此凝视吗？这是因为在他们彼此的眼睛中，蕴含着相知相爱的感情，对视只是加热这一感情的行为——想要不输给对方地传达自己的魅力，想要不输给对方地让对方更深地了解自己的爱情。从某种意义上来说，胸中燃起恋爱火焰的两个人，其心理状态也和比赛差不了多少。

那么，让我们想象在这里有一个刚刚失恋，正掉在悲伤的深渊里的人，该用什么样的视线听他倾诉，才不会伤到他呢？果然还是要应用上斯汀泽效应，坐在和对方保持90度角的位置上。这是一个不容易和对方对上视线，而方便倾听对方说话的位置。心理咨询师在倾听患者倾诉的时候，也是非常重视这一位置的，因此这一位置也被称为“心理咨询位置”。

另外，当对方在不断倾吐内心中的悲伤和愤怒，而你想要随声附和的时候，从对方的眼睛下面窥视着对方说话是比较好的。可以一边这样窥视着对方，一边说“是啊，这是挺不好受的”。

在这个时候，如果从对方的眼睛上面向下俯视，那么就会变成“从上方而来的视线”，对方会接受到自己被轻视的信号。而从正面直视的话，就会显得像是在敌对。

当然，比视线更重要的是真正的同情。真正的同情是设身处地地和对方一起体验。“如果我处在和她同样的立场上，到底会有怎样的心情呢？”要像这样，在心里和对方一同体味悲伤。

如果这一行为是假装的，就会从眼睛中流露出来。因此，决不能只用假装的同情去敷衍别人，内心受到伤害的人比健康状态下的人更加数倍地敏感于对方的一举一动。

⊙ Point：坐在和对方保持 90 度角的位置上，真正地同情别人。

08 丧家犬的翻身大作战

关键词：乐队车效应 丧家犬效应

“今年的流行色是红色！”只要杂志这么一说，街道上就会不可思议地被红色的风尚席卷。尽管这种现象每年都重复发生，但是人就是有这种倾向，只要宣传某件物品有人气，就会相信并跟从这种说法，这被叫作“乐队车效应”。乐队车是指在游行行列中领头的队伍所乘坐的花车。先头部队高呼一声“活动这就开始了哦”，大批的人群就会欢呼着跟上去。乐队车效应就是从这一现象衍生而来的。

流行品牌的基本招数便是这一乐队车方式。“这是现在广受年轻人欢迎的偶像明星”这种宣传语也是这样的。

但是，就算是一夜之间人气爆发的超级偶像，想要长期地保持住人气也是很难的。为什么这么说呢？这就像商品的最佳品尝期限一样，根据忘记曲线，人气在半年以后也就到达顶点了。如果放任不管，之后人气就会一路下滑。

在这里，该使用什么计策来挽救一旦跌落了的人气呢？那就是故意出来表明自己已经不是人气偶像了。这一计策瞄准的就是心理学上所称的丧家犬效应。

举个例子，靠清纯形象搏出位的女星，却一连串地经历未婚先孕、婚外情、离婚等种种遭遇，这种事例应该也有不少吧。如果事情变成这样，就已经不能再依靠清纯形象了。所以就要大胆地变身，赤裸裸地展现出以前不为公众所知的一面，最后作为演技派女星高调回归。这就是很高明的丧家犬战略。丧家犬效应的重点，就像它从字面意思上表现出来的一样，让自己变成丧家犬，让人看见自己软弱的地方。

根据以上所说，如果想要长期保持人气，首先要运用乐队车效应，闪亮耀眼地登上明星宝座，等到人气下滑的时候，就运用丧家犬效应，自曝弱点，让周围的人渐渐地想要帮助你，从而实现变身。

但是，只有在当事人确实有实力、有着辉煌战绩的时候，丧家犬效应才会起作用。如果这人本来就不怎么引人注目，那么就算说“我这个人其实挺无聊的”，对方说不定也会想“是吗？好像还真是”。所以请一定要注意，只有在拥有过“乐队车时代”的情况之下，才能运用丧家犬效应。

⊙ **Point：表明“我已经不再是人气明星了”。**

本章小结

1. 最有效果的人心掌握术并非是交替使用“糖果”和“鞭子”，而是在平常的时候选择无视，一旦对方做得好就给予“糖果”。

2. 去寻找并指出你能看到，但对方还没意识到的他的魅力、能力吧。这可能比较难，不是那么容易就能做到，但实际上这就是最有效果的终极赞美技巧。

3. 如果能先展示出自己的小缺点，对方会对你怀有好意，你就可以以此为契机让对话很容易地变得热火朝天起来。

4. 不要再盯着别人的短处，让自己喜欢上对方的长处吧。这样做的话，对方也一定会对你怀有好意的。

5. 真正地善于与人对话，其实是指能把对方的话题引出来，并让对方乐在其中的善于倾听者哦。

6. 虽然只是位置不同而已，却能使说服力产生不可思议的变化。

7. 决不能只用假装的同情去敷衍别人，内心受到伤害的人比健康状态下的人更加数倍地敏感于对方的一举一动。

8. 请一定要注意，只有在拥有过“乐队车时代”的情况之下，才能运用丧家犬效应。

第三章

你还在被爱情玫瑰刺伤吗？

01 如果想遇上崭新的恋情，就去危险的地方

关键词：**厌倦　适应　刺激**

不管什么样的恋情，都或多或少地避不开倦怠期。过了半年、一年，就会出现厌倦。在心理学上，这种现象被称为“适应”，据说是很难避开的。等到出现这种现象，如果不稍微遇到点新鲜事，兴趣就会从恋人身上移开。

但是，“适应”这一现象正是真正的人际关系的开端，是俩人之间缘分的试金石。

如果厌倦了，当然就会变得期待来点和之前不一样的相遇。比起平稳的关系，那种危险不安的、官能刺激的，甚至于危险的恋爱，更容易让人飞蛾扑火。

这被称为“心理电阻”（反抗心），是越说“不能去”就越想接近的心理在起作用。

在古老的童话中也有这样的事例，越是说“那个绝对不能偷看”，主人公就越感兴趣，最后一定会跑去偷看。

在现实中，有妻有子的上司偏偏对别人的妻子迷恋得不可自拔，这种桥段也有不少。这种事例伴随着危险的种子，属于自己闯进恋爱

的危险地带。

话说回来，像这样“没有出路的爱”是真正意义上的恋爱吗？在心理学上，我们可以听见为数不少的怀疑意见。

举个例子，在加拿大进行的一项有名的心理实验中，得出了“恋爱吊桥理论”。通过“咯吱咯吱”不断摇晃的吊桥时，不管谁都会产生恐惧心和紧张感，从而心跳加速吧。在这种身体状况下相遇的异性，就容易产生含有性意味的兴趣和恋爱感情。

人类绝对不是因为喜欢才会紧张兴奋、心脏扑通扑通跳个不停，而是先产生了紧张兴奋的状况，只是在那个时候更容易把它想象成是恋爱。也就是说，先是自己的身体遭遇了生理性的唤醒，然后才被赋予与这一身体状况合拍的感情。因此也有数据表明，这种关系都不会持续太久。

如果只在新的相遇中追求刺激，从长远来看，恐怕是种损害。不管是在欧美还是在亚洲，像这样闪电结婚的夫妇的离婚率都是很高的。

和交往长久的恋人进入了适应期，这件事也说明你对这个人建立起了绝对的安全感。

如果是以结婚为目的的恋爱，就算不是那么刺激，至少你避免选择了从心跳刺激开始的错误恋情，并且选择了想在一起创造平稳心境的人生伴侣。也只有这样，才能够维持高度的幸福感。

⊙ Point：**依靠紧张刺激而产生的恋爱是短命的。**

02 什么词句能点燃对方的心？

关键词：**鲜明效应**

即便是一对关系非常好的男女，也有不往恋爱关系上发展的例子。完全变不成恋爱关系的问题，着实烦恼着不少人，该怎么办呢？

要想往前踏上一步，遣词造句是很重要的。向对方说出一些打动心扉的话，就能把朋友关系切换成恋爱关系。不过，如果在这个问题上尽说些“你好可爱”“你好漂亮”或者“我挺喜欢你”等陈词滥调，也只会被对方轻视为“真是个词汇贫乏的人啊”。在这里，我推荐大家使用一种在心理学上被称为“鲜明效应”的手法。

所谓鲜明效应，就是尽量选择以下三种词句说给对方听：

容易残留在对方记忆中的词句；

容易想象成画面的词句；

不诉诸道理，而是诉诸感情的词句。

比如，让我们来看一下电视里的烹饪节目，你会发现，主持人和嘉宾们都在各自的评论中下了各种各样的功夫：并不单单说“好吃”“好美味”这种话，而是说“原材料的妙处在口中弥漫开来了”“原材料的味道本来很浓烈，但是后味却很清爽，端来多少都吃得下去”这种话。人们只是听一下这种感想报告，就也想吃一口试试。这种话能把料理到底是什么味道传达到人们的感官之中去。

那么，在谈恋爱中，到底用什么样的词句才好呢？比如说，同样要表达“我喜欢你”的意思，不如说“我喜欢你的眼睛”，像这样把赞美的对象限定在一个点上，鲜明度会有极大的不同。

再进一步的话，如果说出“上次出差，住到能看见湖面的旅馆里了，在眺望湖面的时候想起了你的眼睛”这种能打动对方心扉的赞美之词，被赞美的人估计会非常不好意思，但绝对不会产生不快的情绪。并且，不管到什么时候，对方都会在心里装着这句话吧。同理，只说“你笑得很好看”，就不如说“只要看到你的笑容，工作上的疲劳什么的就都无影无踪了”。像后者这么说话的人就是能把鲜明效应运用自如、善于赞美别人的人。请你也在赞美方法上多下些功夫，让重要的人开心吧。

⊙ Point：对对方的魅力赞不绝口。

03 如何一口气接近意中人？

关键词：正攻法　负面展示

出去联谊相亲的时候，也能遇到让你有点动心的人吧。当想要和这个人变得亲近起来时，该用什么方法才能拉近你们之间的关系呢？在这种时候，与其费劲儿钻研种种技巧，不如使用正攻法，这最能让对方产生好印象。积极地去做自我介绍，不断展现自己的长项去释放吸引力。

这么一来，不管对方是谁，都至少能成为朋友吧。那么，问题就在于接下来该怎么办。为了你们之间能发展成为恋爱关系，就需要进一步和对方谈论有关自己的话题。而且这不单单是传递自己的个人信息，还要阐明你的内在和思想，以此来加深恋爱感情。这在心理学上被称为自我展示。

“这件事，我连朋友和亲人都没提起过，你是第一个人，能听听吗？”如果以这句话当开场白，对方一定会竖起耳朵来听你说吧。这是因为“只对你”这个限定条件能给人留下非常强烈的印象。在这里重要的是，并非单纯地展示自己有魅力的一面，也要在其中夹杂一两个消极的自我展示，比如“我不擅长做这个，可苦恼着呢”或者“我和上司怎么也处不来”这样的内容。

这虽然被称为负面的自我展示，但是比起一味地自称自赞，用“实际上我也……”这种话来和对方取得共鸣的话，两个人的亲密度就会一口气增加，并会在朋友的基础上形成一种有深度的同伴关系，进而明显提高上升到恋爱关系的可能性。

不过，关于为什么要向对方展示自己的动机，据说男女之间是有差别的。男性是为了和女性搞好关系而有意图地展示自己，女性则是因为对方听了自己的倾诉而感到喜悦。因此，在自我展示的比例上，女性自然而然地就会展现得比较多。在说话的时候，如果对方专注地看着自己倾听，女方就很容易因此而在意对方。在这种事发生的可能性上，女性比男性要多得多。

不管是男性还是女性，在开心的话题中交织上负面的自我展示，都有可能成为搞好关系的重要契机。如果在这个时候沉默不语，可是很大的损失哦。

⊙ Point：并不只展现积极的部分，也要谈及自己消极的一面。

04 如何与恋人愉快地交流？

关键词：**短信技巧　开放式提问**

人们都说，很久很久以前，恋爱全靠书信。在平安时代（日本古代的最后一个历史时代），男女双方用和歌来寄托自己的心意。

在现代，情书多半被短信、邮件所取代，既不再有清丽的笔迹，也不再有氤氲着郁郁心情的和歌咏叹。要说它乏味无趣，也确实是这么回事，但是取而代之的却是快速和直率。你发一句“我喜欢你♡”，对方回一句“我也喜欢你♡”，这种对话瞬间就能实现。

根据对近来年轻人的实际情况的调查，还有这种大胆的对话：“去旅馆吗？”“OK，一小时后见。”像这种一点儿风情也没有的短信，真的能提高两个人心灵的亲密程度吗？

我认为，通过使用近来备受瞩目的开放式提问会话技巧，多少可以实现一些上述的效果。比如说“你喜欢咖啡吗”这种闭合式提问使得回答者只有“YES”或“NO”这两个强制性选择，但是如果采用“你最喜欢什么饮料呢”这种开放式提问的话，那么不管是香草茶也好，鸡尾酒也好，回答者就有了选择各种答案的自由。

尽管闭合式提问在追击、讯问方面有其强大之处，但是开放式提问却能使自由的对话长久持续下去。

如果想和第一次见面的人愉快地谈话，那么我推荐你多多使用这一开放式提问技巧。比如说“那个时候，你感觉怎么样啊”。用上这种开放式提问的话，对话将会渐渐地产生连接点，也会逐渐深入下去。再进一步把开放式提问和负面的自我展示结合到一起的话，你和对方之间的距离也会比较容易缩短。

相反地，如果你问了一些追问式的问题，比如“你一直跟我说太忙没时间见面，其实不是因为工作吧”，或者“你是不是看上哪个小姑娘了”，那么你们的对话就要结束了。闭合式提问会把自己的价值观强加于人，从而让对方产生不快的心情，请一定要注意。

⊙ Point：开放式提问使对话持续升温。

05 为什么荆棘险阻越多，爱情之火就越发燃烧呢？

关键词：**卡利古拉效应**

上小学时，学校举行运动会，都会有障碍物竞走这样的项目吧。跳过设置在途中的跳箱，跨过长棒，钻过网子……在我的记忆中，这样的活动尽管很疲劳，但是也很开心。

恋爱也正像障碍物竞走一样，横在俩人面前的障碍物越大，爱情之火反而越能熊熊燃烧起来，就算辛劳，也能乐在其中。例如远距离恋爱、三角关系，再极端一点儿的就是出轨……你有过类似这样的体验吗？

从心理学的角度来看，这并非什么不可思议的现象，摇摇欲坠是人类的本性。人们就是这样，越是这种无法随心所欲的关系就越是狂热地去构筑它，然后又变得想要离开。前面也说过了，这种别扭的心理被称为心理电阻，即反抗心。

总而言之，人类生来就有这样的倾向，越对他说“快停下”，他就越想做下去，而如果对他说“做这个”，他就会变得不想做。比如小孩子在看电视的时候，如果父母说“快别看了，去做作业”，孩子立刻就会不想做作业，同时会觉得正在看的电视一下子变得特别有趣起来。

美国的学者中也有人把这一现象昵称为“卡利古拉效应”。1980年，在美国有一部描绘罗马皇帝卡利古拉的影片《卡利古拉》曾流行一时，但是，因为该影片充斥着大量残暴的镜头和性描写，被波士顿市以严肃风纪的理由下达了“上映禁止令”。结果，转眼间就有大量波士顿市民跑到邻近的市去观看，说“就算几眼也好，我们也想看看《卡利古拉》啊”。其势头不断发展，终于成为话题，《卡利古拉》也成为在世界范围内大受欢迎的作品。

据说，正是因为目睹了卡利古拉效应的不可思议之处，后来在小说、电影领域，把“问题作品”这一词汇作为宣传手段来巧妙利用的事例不断增加。

那么，说到恋爱领域的卡利古拉效应，最常见的就是父母反对，就好像罗密欧与朱丽叶那种因为宗教和身份配不上的事例吧。除此之外还有想结婚但是没有钱、双方有一方身患重病等。尽管对于当事人来说是很辛苦的事，但这可能也反过来成为恋爱的香料呢。

⊙ Point：越被命令“停下来”，越想继续做下去。

06 人类的价值观只有三种

关键词：**策略主义　物资主义　环境主义**

“我一点儿也不招人喜欢，没有遇上好男人的命。”“我和异性怎么也形成不了良好的关系。”像这样的叹息估计也不少。那么，到底问题出在哪里呢？

不管是过去还是现在，造成男女之间分歧的最大原因都是价值观的不一致。那么，价值观这东西到底是什么呢？

以下虽然是我自己的研究成果，但我认为价值观并非有很多种，总结到最后，实际上都能分到三个种类里去：一种是策略主义，一种是物资主义，一种是环境主义。任何人的价值观都可以在这三个主义里找到影子。

首先是策略主义的人，不管发生多么糟糕的事，他们都会立即想到“不是还有更好的方法嘛”，然后马上开始考虑方法的好坏。

物资主义的人与此正好相反，他们会想“如果再多试几次是不是就会好”，这类人纠结的是努力的多少。

最后是环境主义的人，他们会想“要是条件更齐全点，是应该可以顺利进行的”，会在意自己所处的境遇是走运还是不走运。

以上三种价值观都具有排他性。也就是说，如同策略主义相对物资主义，物资主义相对环境主义这样，在一个人身上不可能同时出现多种价值观重合的情况。策略主义的人不管是在工作上也好，恋爱上也好，都有彻底贯彻方法论的倾向。举个例子，比如男朋友是策略主义的人，凡事都说“再多考虑一下方法啊”，但与之相对的，女朋友是环境主义的人，会说“都是这次一起参加的成员有问题，不是我的错”，结果两个人就这样起了纠纷。

三种价值观并没有好坏之分，不管哪一种思考方式都有其长处和短处。我认为不同价值观的人交往也有可能互相促进成长，但是，如果你不管怎么样都想和与自己步调一致的人交往，那么就尽量选择与自己价值观相近的人，这样就会比较顺利了。

⊙ Point：寻找价值观相近的人。

07 用一句话让对方觉得“下次还想见面”

关键词：约会　蔡氏效应　余韵

如果约会愉快，那么在临别之际所说的话就有了重大的意义。在这种时候，就期待说一些能真诚地表达出“还想再见面”的心情，并能给对方留下深刻记忆的话。话虽如此，如果说些让人不快的肉麻话，反而会让人觉得“这人是不是什么地方有问题呢”，结果使对方的心情低落下来。因此，一定要多花些心思。

另外，尽管都是约会，但是各个阶段的约会也各不相同。如果是第一次约会，两个人还站在从友情往恋爱关系发展的入口，双方都处在试探的状态，一开始肯定都是客客气气的。在这个阶段，如果能靠这次约会使对方在事后想起一些印象深刻的话题，产生“啊，还想见面”的心情，从而与下次约会联系到一起，不是很好吗？

在心理学上有一个名词叫“印象膨胀”，即说出类似于“下次想看你穿西服的样子”或者“还想看看你的笑脸啊”这种表达“还想再见面”的心情的话，若无其事地附上带有展望性的希望，是非常有效果的。

我经常听到有人抱怨说“我的约会只进行一次就没有第二次了”。对于这样的人来说，尽管认真考虑约会的内容是很好的，但是如果在分别的时候多下些功夫的话，说不定会比较容易地让对方产生“还想见面”的想法呢。

然后，还有一件很重要的事，那就是在分别时如果很精神地喊了声“拜拜”的话，那这段关系就要画上句号，也很难再有发展了哦。

在约会中一直都精神头十足地谈天说地的人，偏偏只在分别的时候突然用很小的声音说“那，我先走了”的话，任何人都会为这个落差而感到吃惊吧。

这是因为，“这个人是个明快的人”的既定印象，突然在分别的时候被这一句话切换成了“这个人是不是也很容易寂寞呢”的非既定印象，结果给对方留下了此人是个谜一样人物的记忆。接下来，这种现象会令对方进一步产生渴望了解这个人的冲动。这便成了催动其产生“再见一次面”的欲望的动力。

一般来说，比起已经终结的关系，尚未终结却就这么分开了的关系更会诱发“想要结下更深羁绊”的感情。

心理学将这种现象起名为“蔡氏效应”。在双方心中留下“还有些地方不太明白，所以下次还想再好好了解了解”这样的余韵，不是最好的分别方式吗？

⊙ **Point：余韵引出下一次的约会。**

08 如果用心浇灌，能力之花就会开放

关键词：**皮格马利翁效应**

雄性追逐雌性，这是任何生物都有的自然本能。尽管根据最近的研究认为其实是雌性选择雄性的“雌性选择说”（female choice）占据有利地位，但不管怎么说，男女互相吸引的本能，最重要的还是为了延续后代。

这并不仅仅体现在动物身上，在人类社会中也是一样的。在这里，让我们试着考虑一下公司内部的男女关系。比如说，公司里有一位A小姐，部长对这位A小姐很有好感，平日里，部长总会照顾照顾她。在某些时候，就算部长自己也没注意到，这种照顾的事情还是会不知不觉地增多。当然，周围的人也会觉得哪里不对劲。有人就会开始用特别的眼光看A小姐，说“A小姐可招部长喜欢了”。这样一来，周围的人肯定不会有什么舒服的心情吧。

但是，在这种情况下，这位A小姐的营业成绩多半会渐渐地超过别人而上升。只是招上司喜欢这一点，就能使她自身的IQ（智商）提高。在其他忌妒的职员的白眼中，她的能力会不知不觉地提高。虽然这有些不可思议，但它是一个有名的现象，名为“皮格马利翁效应”。

皮格马利翁是出现在希腊神话里的国王的名字。他深深爱上了一

尊美丽的女神石膏像，于是便一边祈祷着如何把石膏像变为真人，一边向石膏像呈上食物，擦拭它的身体，每天和它说话，几乎令人怜悯地向它捧上自己的爱。见到这一情景的神就把这尊石膏像变成了真正的美女。

有一个心理学实验证明，实际上确实会发生与皮格马利翁神话类似的现象。有一位叫作罗森塔尔的心理学者，他让一个小学校的老师深信“A 同学、B 同学、Z 同学具有天才的素质”。当然，选择这三个孩子完全没有任何根据，A 同学、B 同学、Z 同学不过是罗森塔尔从花名册里随机选取的。也就是说，他把不真实的情报给了这位老师。

之后过了一年，罗森塔尔惊讶地发现，这三个孩子的 IQ 真的有了突飞猛进的增长，就好像石膏像变成了真正的人那样。实际上在这个世界上，因为他人自作主张地深信“这个人能干”“这个人很棒”，而使其本人的能力真的有了实质上的增长的例子是很多的。

根据皮格马利翁效应分析，后来得知在那一年里，这位老师确实只对被心理学者点出来的这三名学生寄予了各种教育方面的厚望。因为从心底相信这三个学生是天才，他经常让这三名学生挑战稍微难些的问题，就算问题解不出来，也相信他们总会解出来的，并且会长时间地等待。相比其他学生，他斥责和激励他们的次数也比较多。这位老师在不知不觉之间，给了这三个学生理所当然会提高他们 IQ 的关怀和照料。

正像这个精心策划出的结果一样，前面我们也举了例子，被部长看重的 A 小姐的能力获得实质上的提高也是非常有可能的。不管是谁，只要被信赖爱护着，就算这是一种偏袒，在提高个人能力方面也不一定是件坏事呢。

⊙ Point：如果被夸奖，人就会真的有这股劲儿。

09 为什么职场性骚扰无法消失呢?

关键词：**职场性骚扰　权限**

近年，美国一直在研究在何种情况下，职场性骚扰（sexual harassment）会比较容易发生。

让我来介绍一项著名的实验吧，这项实验是基于观察男性面试官面试女性时的态度而进行的。在进行实验的时候，把男性面试官分成两组，对第一组的人说“下面请你来面试女性，但你的意见只作为参考，和录用不录用该女性没有直接关系”，而告诉第二组的话却完全相反，说“录用不录用该女性完全看你的意思”，向他们强调其所拥有的极大权限。

这么做了以后，第一组的男性面试官完全没有向女性提出带有性骚扰意味的问题，但是第二组的男性们却接二连三地向女性投去惹人讨厌的话题，例如“你喜欢什么样的男人啊”“为什么不生孩子呢”，并且无所顾忌地盯着女性的身体看，性骚扰的行为非常之多。

从这个实验中，我们能明白的是：与其说让性骚扰容易发生是因为男性个人的性异常，不如说是权限这个要素在起作用。如果权限被提高，人就会对自己所持的信念和意见过于自信。这样一来，就会认定基于自身固执观念的判断是正当的。所谓自身的固执观念，简单来说就是偏见，把本来就没有什么根据的观念当成守则，采用了“既然是A，那肯定就是B”的思考方式。被赋予强大权限的人就会出现某种倾向，认定“女性是性的对象”。这并非男性单方面的问题，在这个实验中，即便把面试官换成女性，新职员换成男性，也会出现同样的结果。

强大的权限这种东西，可以说是使得性骚扰容易发生的意外要因。被赋予了高权限的人，在和部下进行对话和接触的时候，需要比旁人更多一倍地对自己的言行加以注意。因为即便本人并未认为自己有什么不好的行为，下属也有可能觉得遭遇了上司的性骚扰，而在私下烦恼呢。

⊙ Point：你有可能一直在无意识地重复着有性骚扰意味的话语哦。

10 忌妒心过强是脑子有问题吗?

关键词：忌妒　自信

在字典中是这样解释“忌妒”这个词的：对才能、名誉、地位或境遇等胜过自己的人心怀怨恨。例如，在恋人被别人夺走时，或者在竞争社会中负于对手时所感到的伤心、败北感和怨恨之类的感情。这种感情是任何人都会有的。

一般来说，在工作等场合，这种忌妒心会转化为“我也要努力”的向上能量。但是，如果一个劲儿地放任忌妒心乱闯，就会失去自我，极端的时候甚至会发展为杀伤事件。

最能如实表达这一现象的就是恋爱。忌妒心特别强的人，独占欲也特别强。忌妒心根据不同的阶段，强度也有所不同。例如，恋人和异性说话时、恋人夸奖异性时、恋人和异性一起出去玩时、恋人对异性怀有恋爱感情时、恋人和异性有肉体关系时，等等。

像这种忌妒心特别强的人，就算是恋人夸了一句某明星“长得好帅”，他的忌妒心都会熊熊燃起，进而责备对方，搞不好的话还会一下子导致恋情破裂。因为忌妒心是惹人不快的不光彩的感情，所以人们都希望尽量避免陷入忌妒之中，但是人与人不同，性格也有差异，有的人是很难办到的。

忌妒心强的人也会要求恋爱的伴侣拥有和自己程度相同的忌妒心，他们会想“她不感到忌妒是因为不爱我吧”。像这样把恋人是否有程度相同的独占欲作为衡量爱情的基准，在某个角度上是他对自己的爱情不自信的证据。

那么，该怎么做才能抑制异常的忌妒心呢？首先，要冷静地检视自己，让自己拥有自信；然后，就是相信恋人。

忌妒的感情在攻击对方的同时也是在给自己的伤口上撒盐，因此从一开始就要考虑着从这一感情的泥沼中脱身。

如果你把忌妒心和爱情的深浅混为一谈，那可就大错特错了。

⊙ Point：相信你的恋人，这会让你变轻松。

本章小结

1. 如果是以结婚为目的的恋爱，就算不是那么刺激，至少你避免选择了从心跳刺激开始的错误恋情，并且选择了想在一起创造平稳心境的人生伴侣。

2. 尽量选择以下三种词句说给对方听：容易残留在对方记忆中的词句；容易想象成画面的词句；不诉诸道理，而是诉诸感情的词句。

3. 不管是男性还是女性，在开心的话题中交织上负面的自我展示，都有可能成为搞好关系的重要契机。

4. 尽管闭合式提问在追击、讯问方面有其强大之处，但是开放式提问却能使自由的对话长久持续下去。

5. 人类生来就有这样的倾向，越对他说快停下，他就变得越想“做下去”，而如果对他说“做这个”，他就会变得不想做。

6. 我认为价值观并非有很多种，总结到最后，实际上都能分到三个种类里去：一种是策略主义，一种是物资主义，一种是环境主义。任何人的价值观都可以在这三个主义里找到影子。

7. 在双方心中留下“还有些地方不太明白，所以下次还想再好好了解了解”这样的余韵，不是最好的分别方式吗？

8. 不管是谁，只要被信赖爱护着，就算这是一种偏袒，在提高个人能力方面也不一定是件坏事呢。

9. 被赋予了高权限的人，在和部下进行对话和接触的时候，需要比旁人更多一倍地对自己的言行加以注意。

10. 该怎么做才能抑制异常的忌妒心呢？首先要冷静地检视自己，让自己拥有自信；然后，就是相信恋人。

第四章

你清除婚姻定时炸弹了吗?

01 怎么男人都这样！

关键词：思考回路

“男人怎么都这副德性……”这句台词多起来时，多半都是在结婚之后好几年，差不多开始吹“倦态期”这股风的时候吧。因为两个人已经彼此知根知底，于是做妻子的就看到了丈夫一直隐藏着的那一面——和爱情之火熊熊燃烧的时候不一样，而且以前自己从来都没见过。

之所以不再具体称呼丈夫的名字，而用“男人这东西”将其抽象化，是因为男女在思考方法上具有不同的模式。既然我们光叹息不行，那么重要的就在于了解男人这东西的思考回路。

比如说，当丈夫看上去很烦恼的时候，妻子就想插嘴问句：“怎么啦？不要紧的。有什么烦心事？”但是，大部分时候丈夫都会回嘴说：“真烦人？别管我！”结果，妻子就会说开头那句台词。不过实际上，当女性有烦恼的事情时，都会立刻去找人商量；而与之相对的，男性则会选择一个人解决。在上述场合，妻子出手相助的行为很容易被理解成为“你没有解决问题的能力，还是我来帮你吧”。也就是说，这种行为实际上是伤害了丈夫的自尊心。在这种时候同情可是禁忌，安静地在旁边守护他才是最好的解决方法。

反过来，当妻子有了烦恼，想和丈夫商量的时候，结果丈夫说了句“你自己看着办吧”，让妻子吃闭门羹，像这样的事也不少吧。这也是因为男人独特的思考回路所致。在这种时候，做妻子的如果不再重复那句说滥了的“男人这东西……”，而是一边哭一边撒娇说“女人有了烦恼都是想跟谁说一下的嘛”，丈夫大概就会改变想法，说着“是吗？还真挺可怜的”，然后抱住妻子的肩膀安慰她。

概括来说，男人喜欢自己的工作能力或行动被人赞扬；与之相对，女人喜欢自己的整体被赞扬。丈夫升职的时候，赞美他“好棒好厉害”，并且晚上给他开瓶酒喝，他就会更有干劲。相反地，当丈夫在夸奖妻子的时候，与其夸奖她做饭的手艺，不如从整体上赞美她“好可爱，好漂亮”。这就是夫妇圆满的秘诀。

你看，还真是“男人这东西……经不起推敲”吧。

⊙ Point：你需要知道男人和女人各自的思考回路。

02 烦躁的时候，马上设法转换心情吧

关键词：烦躁　吵架　感情一致效应

说到夫妻吵架，其导火索还真都是些鸡毛蒜皮的事。大多数情况下都是突然看对方的态度和脸色不爽，心情一下子就烦躁起来，步入吵架阶段的那些理由也多半都是找碴儿。结果对方也配合着自己的感情不爽起来："生什么气啊？摆脸色给我看？真够无聊的。"于是两个人都开始烦躁。

通过心理学实验，我们已有结论：人类会无意识地收集和自己的感情有关联的情报。这被称为"感情一致效应"。在吵架的场合，就出现了负面感情一致效应。

既然是这样，如果能利用感情一致效应来将对方的心情转换成为正面的心情，那么自己也不会感到烦躁，也可以减少无聊的争吵吧。为了达到这个效果，下面我来介绍一个秘诀。

那就是，事先针对对方的感情准备好"小花招"。比如说，丈夫最近一段时间工作很累，经常发牢骚，在这种情况下，可以在他快下班的时候发一条短信："今天做了你爱吃的放了好多大蒜的鸡肝炒韭黄，快回来吧，我已经等急了。"看见这样的短信，丈夫多半都会在嘴角浮

起微笑，飞快地赶回来吧。如果让丈夫喜气洋洋地期待什么东西，让他和自己感情一致，那么争吵也很难爆发吧。

即便立场逆转，这种感情一致效应当然也是有效的。也就是说，你可以对自己的感情玩些小花招。吵架这种事，表面上是对对方日常的态度怀有不满，忍不住发牢骚，而实际上是因为自己怀有负面感情。但是，只对其他人发牢骚是扭转不了局面的。既然如此，就请试着改变自己，再去面对对方吧。“和我在一起可是非常快乐的哦”，如果能满怀着自信，用这种态度去和对方交往的话，对方的感情也会变得与你一致的。

当心里烦的时候立刻就转换心情，这才是对丈夫的体贴。就用感情一致效应来使爱情也一致吧！

⊙ Point：体贴对方，即可把握你们之间的关系。

03 给疲惫的丈夫以新的刺激

关键词：疲劳　刺激

你听说过“金属疲劳”这个概念吗？也就是火车铁轨之类的金属在长时间过度地使用之下变得脆弱的意思。夫妻生活也是一样的，长时间的疲劳积聚会使其出现裂缝。要是铁轨，换个新的就行了，但是人可不是那么简单就能换一个的。怎么说呢，也有少数人真的去换了一个，不过普通人应该很难做到吧。而作为“换一个”这种方法的代替，人类是能够从疲惫状态恢复到原来状态的。

那么该怎样做才能使疲惫的丈夫回到原来的状态呢？上手最快的办法是给予刺激：改变一下单调陈旧的生活，玩一些以前没玩过的，把他带到一个有趣的世界里去。比如说，对于基本不怎么活动的人，就带他们到户外运动场去打网球或者高尔夫球；而对于跑来跑去的人，就带他们去看歌剧、音乐会等，一起体验高雅的生活。

试着回想一下爱情之火熊熊燃烧的时代，再现青春年华也是不错的。如果觉得夜生活开始乏味无趣了，也可以试着改变当时的生活轨迹，挑战些新的刺激，说不定也是很好的方法。关键在于打开丈夫的那扇乔哈里之窗。

夸奖他本人不知道的地方能收到意想不到的效果。比如对丈夫说“你和年轻的时候一模一样，还是那么顽强啊”，就算丈夫已经失去了自信，也保证会想“我还有这股劲儿啊”，然后重新审视自己的力量。

这种效果并不只局限于丈夫，也经常发生在妻子身上。两个人通过挑战各种各样未知的领域，能发现各种自身没有察觉到的自我，然后，两个人互相夸奖彼此新的一面，这样就可以打破倦怠和疲劳了。

还有一个寻找刺激的秘诀，那就是索性离开试试看。当然这不是永久性的离开，而是试着在两个人之间拉开一点儿距离。自己一个人出去旅行几天，这也不错吧。再一次重新审视丈夫，说不定就能发现新的魅力。当然，在分开的这段时间，丈夫也会挂念着妻子——“没有你的话我可活不下去啊，我会为你而努力的！”你看，他精神起来了吧。

⊙ Point：用赞美对方来去除倦怠和疲劳。

04 站在远处批评丈夫，站在近处感谢他

关键词：批评　感谢　私人空间

"我到底要说几遍你才懂"——对丈夫发牢骚的时候，你是不是基本都差点要把额头凑到他脸上了呢？因为你已经把声音放得很大了，实在是没有必要再站在那么近的地方说。但是，有的人就算明白这点，也还是忍不住跑到近前去说。

反过来，像说"谢谢你"这种感谢的话时，你的表情大概却很平稳，声音也不大。不仅如此，距离也远了。有时，还因为对方没听清楚，没能传达出自己的心情。当我们还是小孩子的时候应该被大人说过吧，打招呼和说感谢的话时要大声啊。

在人际关系方面，能让人感到舒服的空间距离被称为私人空间。对于具体的空间距离，人们一般会根据自己与对方的亲密程度来界定。私人空间可分为以下四种：

亲密距离（0～45cm）= 家人、恋人、亲朋好友等；

个人距离（46～120cm）= 一般朋友、熟人等；

社会距离（121～360cm）= 工作上的同事等；

公众距离（360cm 以上）= 演讲者和听众之间的场合等。

用私人空间这一概念来解释的话，夫妻之间应该被归为亲密距离，45cm 已经算是最远了。但是实际上，在这个距离之内啰啰唆唆个不停，对对方来说可不是什么好事。我希望妻子在指责丈夫的时候，至少应该拉开公众距离那么长的距离才是。如果是感谢的话，那么也不要在 45cm 的距离上说，缩短到 10cm 不是更好吗？特别是一对恋人在互诉爱语的时候，零距离是最理想的了。

跟自己不熟的人侵入自己空间的话，人就会感到不快和害怕。不是经常有人这么说嘛："我们公司那个领导，跟女职员说话的时候强行缩短跟人家之间的距离，那么亲密的距离根本没必要！"因此，正如那句话说的，"关系再深也不能没有礼仪"。

就算彼此是夫妻，发牢骚的时候也应该站在比较远的地方说，并尽量小声说。这也是让夫妻关系顺利的秘诀。

⊙ Point：夫妻之间的对话以距离 45cm 为好。

05 孩子不是你的所有物

关键词：孩子　出巢

孩子长大到了一定岁数，身心都会开始朝着一个人独立的方向发展。应该不会有人提倡不要培育孩子的自主性和独立心吧。话虽如此，有的父母却像养猫、养狗一样，用养宠物的感觉养孩子，做不到让孩子离开，特别是母亲居多。

确实，从母亲的角度看，孩子是自己忍耐着疼痛生下来的，而且也精心地养育过，不知不觉之中就把孩子当成了自己的东西，并想要一直这样对待孩子。这份心情我们是可以理解的。包括孩子也是，因为从婴幼儿时期就依赖父母养育，那么一直朝父母撒娇，也有轻松的一面。这样一来，亲子关系之间就会衍生出一种心理上的粘连，成为互相无法自立的关系。父母会对孩子过度保护、过度干涉。

比如说升学这个问题，升学通常都是从入学考试开始的，这时父母就会说“考这个学校”，或者“那种高中可不能去”，而无视孩子的能力和希望，擅自下决定。接下来，父母连工作和结婚的事也要介入，更有甚者，会跟着去参加孩子的入职考试，孩子约会的时候也坐在同一张桌子上。问题在于，父母并没有认识到这是在过度干涉，或者就算意识到了，也觉得“这有什么不对的，既然是我的孩子，当然要这样了”。像这样反过来找借口的人也不在少数。

父母必须意识到，这种亲子关系将会一直影响到孩子的婚姻生活，也就是所谓的“恋母情结”。丈夫会在妻子身上寻求和母亲一样的感情，或者希望妻子能补偿从母亲身上无法获得的东西，夫妇之间从而无法保持对等关系。

在这个问题上，让我们从鸟类的世界中学习一下吧。亲鸟（在孵化和育雏期间，相对于幼鸟，鸟类双亲被称为亲鸟）在将卵孵化成幼鸟之后，就会待在巢中忘我地精心养育幼鸟。不管有几只幼鸟，它们都会毫无偏袒地喂食，其姿态着实令人忍俊不禁。但是，当迎来出巢这个阶段的时候，亲鸟的行为就变得让人感到残酷，它们会把还不知道怎么飞的孩子们赶出巢去。从这一时刻起，就没有什么父母和孩子的关系了，双方要努力在残酷的自然中独立生存下去。

不能做到让孩子离开的父母，就有意识地下决心实行一次出巢吧，比如在孩子成年的时候。如果做不到这点，就连鸟都比不上了。

⊙ Point：让孩子离开，促使他长大成人。

06 如何开始你的“公园亮相”？

关键词：**公园亮相　自我展示**

不知道从什么时代开始，“公园亮相”这个说法成了固定词汇。随着高层住宅的不断增加，和左邻右舍的地域交流这一联系着人们的力量不断衰退，就连和别人讨论育儿方法，也只有在带孩子到公园去玩的时候，才能和别的妈妈商量一下。

“不过，我怎么也融入不了她们……”我们也能听见这样的苦恼声音。是的，就连小到在公园带孩子的妈妈之间的交流也有其规矩和秩序，新来的人很难立刻融入进去。一开始加入的时候，必须做好类似于新职员、转校生之类的心理准备。

既然这样，首先就从让她们了解自己和孩子的情况入手吧，也就是自我展示。“您好，我是×××，刚搬来×号房间，孩子×岁，名字叫×××。”像这样首先展示基本的个人情报，向对方表示自己想加入大家。

因为对方已经形成了团体，彼此知根知底，新加入的人一定会感受到审视和尖刻的目光，以及蕴藏在里面的好奇心。如果置之不理，就无法完成公园亮相了。重要的是要铭记，所谓的公园亮相并不是为了你自己，而是为了孩子。

接下来，也来积极地谋求对方的自我展示吧。秘诀是用很短的别人不会产生抵抗感就能回答出来的简单问题来问自己想知道的事，比如“您家孩子几岁了啊”，像这样问一些开放式的问题。另外，也可以要求她们告诉你公园里的规章制度，例如是不是不能让孩子在公园的沙坑里玩。

关键在于，要让对方产生“这人真不错”的印象。要发挥自己的个性，阐述自己的观点，不如等到和大家混熟了之后，这是比较聪明的做法。因为就算你自己不发挥自己的个性，孩子也会帮你发挥的。

⊙ Point：在对话中使用简短的话语很有效果。

07 对多嘴婆婆发火之前应该考虑的事

关键词：婆媳　护士的立场

不管在什么时代，婆媳之间的争执是家庭中永远存在的问题。两个人虽是同性，但一方是母亲，另一方是妻子，两方争夺一个男人，这就是争执的源点。与此同时，婆媳之间的代沟也造成彼此的想法有很多不同。

比如说做饭，婆婆说“我家儿子喜欢吃肉，给他做好吃的肉菜吧”，儿媳妇说“不，最近他胖了，我觉得为他的健康考虑还是多做鱼吧”。类似这样的正面对抗的例子有很多。婆婆怎么都要坚持自己的观点，最后终于拿出终极台词：“这么说，你压根不爱我儿子吧。”结果，媳妇的怒气也越来越严重。

在这里，面对婆婆平日里的举动，做媳妇的在发火之前，心里应该有一个应对之法，那就是想“婆婆已经上岁数了，没办法啊”，然后尽量用宽容的态度来回应。

人的身心虽然会随着年龄的增长而变得健全，但是超过 65 岁，进入老年期之后就会开始走下坡路。这种事只要看一眼你周围的老年人就一目了然了吧。眼下的社会是个长寿社会，身体还结实的时候，精神却开始倒退了，这也是现实。而且老年人还不得不意识到头顶上还横着个“死”字，于是在日常生活中就会被很多焦虑心情支配着。

正因如此，老年人的视野会变窄，并且固执己见。当然，以老年痴呆症为代表的老年人特有的疾病也会发生。

这么一想，对于作为婆婆对手而存在的媳妇来说，也有必要不以媳妇的立场，而是以护士的立场来应对婆婆。在意见对立的时候，就想一想“婆婆可能是生病了”，这样的话就能用温柔的态度来对待了吧。

不管怎么说，婆婆也是自身的长辈，是丈夫的母亲，这是不会变的。从敬老这方面来考虑，也应时常怀有尊敬之心。

⊙ Point：以护士的立场来应对婆婆。

08 迁怒家人是危险信号

关键词：迁怒　以自我为中心

在人际关系中最用不着客气的就是家人，特别是对于有血缘关系的亲子，应该比不具有血缘关系的夫妻更不需要客气吧。从这个角度看，父母和孩子是那种不管什么事都能坦诚地推心置腹的关系。虽然应该是这样，但是，把这一关系当作某种方便，乱投掷自己的感情，这种事也是常有的吧。

比如说，有的丈夫会把因工作上的麻烦而产生的烦躁心情带回家里，朝家人乱发脾气；有的妻子对家人的言行举止十分不满，开始找全家人的碴……被迁怒的家人会因为不知道原因而情绪低落。

冷静下来时想一想，也不是不明白自己在任凭感情冲撞的情况下迁怒了家人，但是发火的时候却注意不到。这样的事情持续个几次之后，父母的权威就会扫地，弄得不好还会招致家庭破裂。

为了避免这样的事情发生，首先有必要静下心来好好想一想。

作为妻子，要做所有的家务、算账，还要忙孩子的教育问题，以及和邻居搞好关系，真是忙得不可开交。因此，抱怨“我这么努力，老公孩子怎么就理解不了呢”，对家人口吐不满的事应该也不少。

但是，丈夫和孩子也在各自付出相应的努力。觉得只有自己在努力，只是对自己的夸大评价。也就是说，是以自我为中心的想象。

同样都是家务活，现在的便利性与没有冰箱、洗衣机和吸尘器的时代相比真是天壤之别。做妻子的，不能忘记劳动本身在轻松方面已经有了质的飞跃。当然，对自己的努力加以褒奖也是有必要的。因为如果没有自我肯定感（对自己的爱）的话，什么事都无法顺利进行。但是，如果在这个基础上对自己作出夸大的评价，是百害而无一利的。

我们是人，偶尔当然会有烦躁的时候。如果自己无意识地把过错推给了丈夫和孩子，就请客观地审视自己——“我怎么会做出这种事来呢”，然后立即想办法把心情转换过来。这是很重要的。

⊙ Point：家人也在付出相应的努力哦。

09 对一心只扑在孩子身上的妻子感到不满

关键词：育儿　分担

结了婚生了孩子，夫妻之间一直持续着的甜蜜关系就会大变样。这是因为家庭的中心从二人世界变成被孩子一屁股占据了。当然，夫妻的爱情也不得不大比重地倾注在孩子身上。

因此，丈夫忌妒孩子的现象就随之发生。妻子作为母亲，总是感觉对孩子照顾得不够。丈夫看到这个情景，就感到妻子朝自己身上投入的爱情比恋爱时代大幅下降了。男人就是这样，不管多大都还带着孩子气。

在这里，难道就没有什么办法可以让夫妻之间不管到什么时候都保持着男人和女人的关系吗？这只需要稍微变换一下思考方式就可以解决了。那就是，丈夫也和妻子一样在育儿方面注入力量，也就是积极当“奶爸”。这么做的话，妻子的负担也会减轻，两个人也会多出时间来相处。

恋爱的时候，彼此都会对对方怀有幻想，为了能让对方喜欢自己而努力，而生了孩子之后，大家都没有精力和时间去想这些。妻子忙着照顾孩子，把打扮自己放在第二位，也不注意外表，一心倾注在育儿上。

如果就这样置之不理，妻子会渐渐地变得土气，脸蛋和身材都会有所变化，结果就是丈夫厌倦了妻子的姿容，而把心思转向其他女性，甚至于就此出轨的事也是有的。

因此，丈夫如果希望妻子保持女人魅力，就要积极地分担妻子在育儿上投入的一半劳动。这样做的话，妻子就有了为心爱的丈夫美化自己的精力和时间，丈夫也会知道育儿的辛苦和有趣之处。另外，重要的是彼此都要互相意识到对方是作为母亲的女性和作为父亲的男性这一立场，开始一场与恋爱时代不同的崭新的恋爱，再入爱河。

⊙ Point：如果夫妻一起分担育儿责任，身心都会变得轻松。

10 如果无法再把伴侣当作异性看待

关键词：厌烦　异性

有些迎来老年期的男性会把长年在一起的妻子称为“跟我一块儿住的那位”。这是一个非常微妙的表达方式，既不是“妻子”“老婆”，也不是“媳妇”，而是一个超越性别的表达。当然，做妻子的就算被丈夫这么称呼了，也觉得完全没有问题。

虽然这种情况也会根据夫妻关系保持的年数而有所不同，但从某个时点开始，彼此之间无法再把对方当作异性来感受了。最容易让人明白已经走到这个地步的，一般来说就是性行为终止的时候，这是自然而然就会降临在每个人身上的。

但是，如果刚结婚五到十年就沦为“一块儿住的”，那可就太早了。因为只要还有性能力，只要两个人还相爱，夜间的性生活就是在维持夫妻关系上极重要的秘密要素。

话虽这么说，现在也有人公开说“我们家的夫妻关系就像朋友一样”，例如最近受人瞩目的无性夫妻。如果当事人想保持这种关系，作为外人也没有什么插嘴的余地。即便有这种夫妻形式，也是不成问题的。

但是，人也是一种动物，有雄性也有雌性，而且为了延续后代也有生殖的本能。在夫妻之间发挥这种本能也是普遍现象，本来恋爱就是以此本能为基础的。如果彼此因为厌烦而不再能把对方作为异性来感受了，那么就有必要再一次回忆恋爱时代，彼此给对方以刺激。试着在将对方作为异性来追求这方面下功夫吧。

如果是妻子的话，就把与自己年龄相应的美丽和可爱的一面展现给丈夫；如果是丈夫的话，就试着努力恢复自己年轻时的强壮吧。双方都要持有自己是男性或女性的自觉。

虽然在这之中也有觉得“性爱很麻烦”而回避它的人，但说这话的人是因为耗尽了自己的爱的缘故。如果已经不再有维持夫妻关系的必要，分手也是明智的选择。

当然，也有人说精神恋爱比性爱重要，更有意不在传宗接代的同性恋夫妻。但是选择了这条道路的人，从一开始就没有“无法把对方当异性考虑”的烦恼啊。

⊙ Point：彼此要意识到自己是男人／女人。

11 感到自己与孩子之间的关系淡薄

关键词：**亲子关系　淡薄**

孩子不可能一直保持婴幼儿时期的状态，他们会度过少年期、青年期，并在成长的过程中学习到新的知识，学会自己思考、独立，然后自然而然地离开父母。

我常听人说“我家的孩子好像都不是自己的孩子了”。这虽然是一句感慨颇深的话，但如果因此不满可就大错特错了。不如说，应该高兴才是。如果母亲会因此不满，那么这也是作为母亲无法做到让孩子离开自己的证据，而还在用和婴幼儿时期一样的感觉在看自己的孩子。

举个例子，让我们来看看 6 ～ 15 岁的少年期吧。尽管在这个时期，孩子的身体飞速成长，几乎能和大人并肩而立，但是在心智上还是孩子。他们开始具有社会性，相比父母，更重视自己和友人之间的关系，会从友人那里学到好的和不好的东西。对异性持有兴趣也是从这个时期开始的。他们通过网络得知社会上的各种消息，也会放开手脚用不输给大人的气势对社会展开批判。

这十年会让孩子产生的变化，和长大成人之后将度过的那些十年不可同日而语。这样的成长速度会让做母亲的感到孩子不听话了，觉得亲子关系变得淡薄了。有时候想要发句牢骚，结果孩子也只是飞过来一句“烦死了”。因此，做母亲的会产生这种感觉也在情理之中。

只是，不管孩子怎么盛气凌人，说到底也只是孩子。明明都还担负不起社会上的责任，希望自己作为独立人格被承认的欲望倒是十分旺盛。另一方面，孩子又会拥有学业啊、朋友啊、与异性之间的关系等各种烦恼，在人生道路上迷茫的情况也不少。对于这样的孩子来说，最能使他们安心的还是家人，而且最主要的还是母亲。

作为母亲，不能只叹息“孩子离我越来越远了”，而必须清楚地意识到，自己的立场是一边体会孩子的心，一边提供建议，说出确实有效的、有帮助性的话。你应该明白，父母的责任就是为了孩子能成长为大人而为他架起桥梁。

⊙ Point：家长的责任是为孩子的成长架起桥梁。

12 觉得无法腾出自己的时间

关键词：**家务　时间　浪费**

“家务事实在太忙，都没有自己的时间。好希望能有一个人的时间啊。”这种声音对于每一位主妇来说，不都是大家共同的烦恼和不满吗？换言之，就是想要自己的地盘。但实际上，这是一个奢侈的愿望。

一天只有 24 小时，该怎么使用这段已经被限定了长度的时间，那全看各人的能力。请试着回忆一下每一天的生活，一个人无所事事的时间其实多的是呢。

如是你是全职主妇的话，早上把家人送出门，当扫除洗濯这种家务活告一段落的时候，你都在干些什么呢？在打瞌睡吗？在看电视吗？有工作的主妇也是，上班搭电车的时候，都在做些什么呢？在补充不足够的睡眠吗？在呆呆地眺望窗外的风景吗？像这种时间，正是自己的时间，想读书的时候就可以读书，想听音乐的时候就可以听音乐。

叹息时间不够的人是不会挤时间的人。如果能出色地做完工作的话，时间就多出来了，而多出来的时间就可以转变为自己的时间。

问题是自己的时间要用来做什么事。太多人根本不在意自己想做什么，而只是叹息没时间。

首先要明确自己想做的事，然后在安排好计划的基础上腾出必要的时间。比如说想要进入花道、茶道、陶艺等兴趣的世界，那么就有必要计划是拜师学艺还是去学校。如果要参加爵士舞、太极拳、网球这种体育活动，就腾出一个固定的时间来吧。在这个时候，必须要拿出觉悟，到底想在这条道路上走到什么程度。就算好不容易特意腾出了时间，如果半途而废的话，也什么事都成不了。这样也是在浪费时间。

另外，我也发现很多人把挤不出时间的原因归结到别的人或事上，比如有家人在啊，工作忙啊。可我们必须认清的是，支配时间的是自己，重要的是运用智慧和努力创造能为自己使用的时间。

⊙ Point：明确自己想做的事。

本章小结

1. 概括来说，男人喜欢自己的工作能力或行动被人赞扬；与之相对，女人喜欢自己的整体被赞扬。

2. 当心里一烦的时候立刻就转换心情，这才是对丈夫的体贴。就用感情一致效应来使爱情也一致吧！

3. 如果觉得夜生活开始乏味无趣了，也可以试着改变当时的生活轨迹，挑战些新的刺激，说不定也是很好的方法。

4. 就算彼此是夫妻，发牢骚的时候也应该站在比较远的地方说，并尽量小声说。这也是让夫妻关系顺利的秘诀。

5. 不能做到让孩子离开的父母，就有意识地下决心实行一次出巢吧。如果做不到这点，就连鸟都比不上了。

6. 要发挥自己的个性，阐述自己的观点，不如等到和大家混熟了之后。这是比较聪明的做法。

7. 对于作为婆婆对手而存在的媳妇来说，也有必要不以媳妇的立场，而是以护士的立场来应对婆婆。

8. 丈夫和孩子也在各自付出相应的努力。觉得只有自己在努力，只是对自己的夸大评价。

9. 丈夫如果希望妻子常保女人魅力，就要积极地分担妻子在育儿上投入的一半劳动。

10. 如果是妻子的话，就把与自己年龄相应的美丽和可爱的一面展现给丈夫；如果是丈夫的话，就试着努力恢复自己年轻时的强壮吧。

11. 你应该明白，父母的责任就是为了孩子能成长为大人而为他架起桥梁。

12. 我们必须认清的是，支配时间的是自己，重要的是运用智慧和努力创造能为自己使用的时间。

第五章

你搞懂职场潜规则了吗?

01 成功的秘诀在于如何把握失败

关键词：**成功秘诀　把握失败　积极结论**

你有没有这样的烦恼，自己明明知道客户的兴趣爱好和其家人的事——从他爱吃的食物到擅长的体育运动，你无不知晓，而关于其工作的各种情报你也踏踏实实地掌握在手心里，说明会也是根据这些材料做的——你还勤快地搭上私人时间陪着他，俩人的人际关系十分顺利，可为什么就是得不到想要的结果呢？

如果陷入这种状况，烦恼也会越来越深吧。自己本来是个努力的人，就凭能为自己的努力而骄傲，就足以证明。正因为这样，才会“为什么、为什么”地冥思苦想，寻找失败的原因吧。

不过，并不是只有你一个人会这样。根据心理学者贝克所说，所有的人都在一边探究着失败的原因一边生存。但是，会把什么当作失败的原因来考虑，这个因人而异。并且，分析完烦恼后，是从此一蹶不振呢，还是奋力更上一层楼，也会有很大的差别。而最糟糕的思考模式是认为事到如今自己的性格和能力已经很难再变化了，并把它视为问题。

“我不是搞营销这块料。”“我和竞争对手公司那边的小 A 相比，学历就比不上人家。”失败之后，人们容易得出这种结论，觉得不管怎么努力也不可能咸鱼翻身了。

也就是说，得出这种没有出路的答案，郁闷憋气也是理所当然的。这种不能重新站起来的情况如果一直拖延下去，就会进入不断朝不好的方向发展的模式。

为了不陷入这种状况，就要尽量从得出积极结论的方面来考虑。比如说，试着围绕公司说明会来考虑，给自己作出“不是没有能力，而是需要在方法上下点功夫”的结论来。

有了方法，然后通过努力解决问题。请公司里擅长做说明会的人来指导你，或者自己积极地去出席各种演讲会，这些都挺好。另外，也可以直率地向客户询问，就说自己想请教一下哪里做得不好，想作为今后的参考。这没准也是最快捷的解决方法。

也就是说，今后如果能形成一个习惯，即把败因归结在可以通过努力改变的事情上的话，失败也可以说是件有趣的事。

“好了，下面用什么手段来攻破它啊。”要像这样自然而然地涌起支持下一个实验的能量。“下次就这么来，改变方法，非成功不可！不行的话就换其他方法！”要像这样展望未来。

这种自信下面隐藏着了不得的力量。像这样的自信，既与庄重大方的态度相联系，又与魅力十足的说明会相联系。

⊙ Point：对未来的展望能引导你走向成功。

02 用点头同意来增加信心

关键词：制造话题　自信

有人怀有这样的烦恼：希望能和同事快乐地聊天，和自己的客户进行推心置腹的对话，但是却怎么也抓不住机会。也就是说，这些人不太擅长说话。而世上又有多少这样的人呢？

举个例子来说，你和家人谈话时是什么情况呢？如果家人不怎么开口讲话，那么就请你积极地为他们提供话题。在这个时候，如果大家开始兴致勃勃地说起话来就没有什么问题了。

那么，请思考一下，为什么在职场上就怎么也说不起话来呢？难道没有试图说些有趣的话吗？难道没有打算幽默一下，开个玩笑吗？你的心情我自然理解，但首先请考虑如何缩短与他人之间的距离吧。一开始的时候，不需要勉强自己为别人提供话题。

加入会话时只需要一个劲儿点头，周围的人就会觉得和你谈话很开心。

在这个时候如果对方征求你的意见，也不用勉强回答，只需要根据之前的发言适当地说些什么就好了。当差不多习惯了这个场合之后，自然就能开始表达自己的意见，并且也能抛出话题了。

有的时候，你也不得不一个人去拜访客户。在这种场合，闲谈的最后低头道谢说“今天进行了很有意义的对话，实在是太谢谢您了”，然后再开始进入正题来谈工作的话，对方应该会觉得和你谈话非常开心。

在这里，重要的在于要怀有自信，只要有自信，对话就一定能顺利进行。

⊙ Point：没必要勉强自己制造话题。

03 如何与百害而无一利的忌妒心相处？

关键词：忌妒心　感情刷新

这世上有一些人，明明自己本身就非常令人羡慕地站在与出人头地近在咫尺的位置上，却异常地忌妒别人的成功，不知这是不是竞争社会的弊端。周围的人都在谋求出人头地，可以说他们都是敌人，一旦发现有一点儿空隙，就会一脚插进来——有人就是带着这种猜疑心活在世上的。

当然，怀有忌妒心的并不仅限于离出人头地不远的人。客观来看，其实分配给自己的任务和其他人没有什么不同，但是有的人却认定老板只把好任务给同事。这也是极强烈的忌妒心。

人为什么会感到忌妒呢？在心理学上，认为这是因为其背后的败北感。挥之不去的败北感也被表述为自卑情结。被忌妒的人明明什么也感觉不到，忌妒的人却在“剃头挑子——一头热”，最终患上被害妄想症，甚至去伤害对方的事件也时有发生。

问题在于忌妒心深深扎根的地方，怎么也消除不了。再加上在商业社会里，和他人的残酷竞争中也带着点宿命的味道，就越发能引发忌妒心了。就算自己知道这样很幼稚，还是忍不住口若悬河地说对手的坏话。

那怎么办呢？可以把自己忌妒的人的优点写在纸上，这是一种叫作“感情刷新”的心理疗法。用这一疗法，能使人产生往前看的效果，脑科学上也对这一效果作了证明。一开始的时候，可能一个好处也写不出来，但即便如此，也请再继续试着考虑考虑。或者向周围的人询问，这可能也是很好的方法。只要能写出一个、两个、三个，后面就能继续地写出很多了。

这样一来，之前的感情就会潜伏下去，败北感也会慢慢变淡。另外，因为这项工作也能明确自身的不足之处，因此通过它，你也能变得更加成熟，获得长足的进步。

⊙ **Point：寻找对方的长处。**

04 不断道歉的行为不能成为你的依靠

关键词：道歉　场面话

前些日子，我有一位同事在电话里不断地向对方说“对不起”，在要挂电话的时候还说“全要拜托您了”，并不断朝电话那头的人点头哈腰。我本以为是投诉电话，担心地去问电话内容，没想到，同事说那个电话只是“对方要休假了，跟他打个招呼”。

既然是这样，为什么非要连连说什么“对不起”“拜托了”呢？我百思不得其解。

而不明就里的对方，听见有人一个劲儿地向自己道歉，估计也会觉得不太舒服吧。

有个实验数据证明，如果别人只是不断地重复道歉，被道歉的一方会感到自己被耍弄了。另外，从长远角度来看，那些不用心、只是一个劲儿地说些客套话的人是不会得到旁人信任的。

如果只需要道歉就能解决事情的话倒也好，但是，如果不过大脑只说些维持场面的话并形成习癖，之后就会不断说些小谎。因为在工作中，一点儿小事都有可能酿成大的损失，因此必须早一些改掉这个习癖才好啊。

第一，平常多注意观察，不管多么小的成功也要果断褒奖自己。

第二，在自己开始连续道歉的时候多加注意。

但是，如果太过在意，待人处世的时候就会退缩。因此，偶尔要对自己说“最近这段时间已经没有说那么多遍对不起了”“面对工作的时候真是目光炯炯啊”。像这样意识到自己有所成长的地方，也是非常重要的。

不管是谁，听到说自己朝着好的方向转变的话都会很高兴，干劲也会有所提升。

⊙ Point：场面话会带来大损失。

05 写给一个劲儿叹息业绩规定太严苛的你

关键词：**业绩规定　效力期待**

有很多企业宣扬说目标值越高，职员越会发愤图强，拿出超过他们实力的成果。因此，它们喜欢用业绩来鞭策员工。

但是，并不因为所有人都被同一个业绩规定约束着，业务就能顺利进行下去。员工们被要求实现超出自己能力的业绩，只会失去干劲。

为了让员工们充满工作欲地去专心工作，就要把业绩要求设定得能让他们看到希望，觉得这些事自己也能做完。这是非常有必要的。也就是说，必须让员工抱着能完成目标的自信去工作。这在心理学者阿尔伯特·班杜拉的自我效力感理论中被特别重视，并被命名为“效力期待”。

根据他的理论，即便人对通过努力就能达成目标的结果有所期待，但如果没有完全不在乎加班、一口气冲向目标的自信（也就是效力期待），那么人也不会有干劲。

比如说，如果把以肉食为主的吃饭方式变为以素食为主，半年就能减掉 10 kg，减肥也就成功了。就算知道这个结果，但如果对自己放弃最喜欢的肉食这件事能不能坚持三个月以上感到不自信，那么人们就不会行动。这也是理所当然的。不管是谁，如果没有努力一定能得到回报的自信，也不会有什么干劲吧。

那么，为了让自己产生“我能做到”的期待而自信地开展工作，到底该怎么做才好呢？其关键在于目标的设置。关于这一点，心理学者曾进行了一个有趣的实验。他们把孩子分为两组，让第一组孩子把“每天读 6 页书，一个星期读完”当作目标，让第二组孩子把“一个星期读完 42 页书”当作目标。

实验表明，两组孩子展现出来的毅力完全不同。表面上看，对两组孩子都要求他们在同样的期限内必须读完同样的页数，但是，第一组孩子每天只需要读 6 页就可以了，他们的努力被分开支付。这么一来，孩子们就感到，这个分量自己能够完成。然后，每天都很有充实感，觉得“今天的目标达成啦”！

因此，这种分开支付努力的方式，是向员工提示业绩下限的好方法。也就是说，如果把业绩目标设定得似乎跳一跳就可以摸到，是最能发挥能力的。

当然，企业必须追求利润，大家不齐心协力努力的话，企业也站不住脚。

但是，做上司的也请不要忘记，你是可以期待员工因为小的目标不断实现而干劲不断提高这种效果的。

⊙ Point：设定让员工能产生期望的业绩目标。

06 寻找一下惹人嫌上司的优点

关键词：上司　二次控制

好多人都叹息，为什么偏偏是我的上司这么爱难为人呢？于是动不动就觉得，惹人嫌的家伙在社会上吃得开怕是真的，只有那些讨厌的家伙才会出人头地啊。

请先停住脚，好好想一想。就算上司对你来说是个讨人嫌的家伙，但是把这个人提升到这一位置的公司高层对他却很认同。这可是个进退维谷的状况吧。

作为解决这一两难状况的方法，心理学上提倡基础控制和二次控制。所谓基础控制，就是改变现实环境。也就是说，你辞去现在的工作。确实这么一来就可以解决掉讨厌上司的问题，但是从现实性的角度来说，当然不能考虑轻易辞职了。

在这个时候，应该采取的只能是二次控制这种应对方法。也就是说，不改变现实的世界，改变你的思考方式。

试着再想一下上司这个人吧。想到他的缺点，是不是连一一列举的闲工夫都没有啊。在这里，我们要寻找一下上司的优点。不管多招人讨厌的人，也有另一些人爱他，或者是家人，或者是朋友，对吧？

而且，他对孩子来说也是这世界上第一位的存在。像这样从多角度来观察上司的话，你的思考方式是不是会有少许的变化呢？

如果平常就一直这么想的话，那么在酒席宴间这种融洽的场合，你也能自然而然地说出“×× 科长知道得可真多，您孩子也一定很依赖您吧”这样的话。在说着这些夸奖话的同时，你也会一下子反省到，原来自己一直在误解上司啊。

人类其实是种单纯的生物，只要有一次对对方产生了好意，就会看到对方的另外一面。不知不觉之间，你的心情多半就会有变化，搞不明白自己以前为什么这么讨厌上司呢。

在进行二次控制的时候，会产生“好意波及效应”，人际关系也会有切实的转变，环境也会随之变化，于是不知不觉地就实现了基础控制哦。

⊙ Point：带着好意去和别人相处，对方也会产生变化。

07 如何把上司的怒气化为笑意?

关键词：压力　控制　积极心态

明明为了公司埋头拼命在工作，却整天遭到训斥。遇上这种事，失去干劲也是理所当然的，说不定还会怀疑是不是自己被欺负了。在工作中，总有那种怎么也合不到一块去的人。如果这个人正好是你的上司，你可能会心神不定、压力积聚，时间长了很可能会患上紧张性偏头疼、气喘或忧郁症。既然直属上司搞不定，有人就求上司的上司帮自己调部门，但是公司这种组织是由不得个人任性的。既然这样，接下来有人就开始考虑是不是只有辞职这一条路了。

但是，不管到什么地方，头顶上都有上司，在立场上，你也不得不对上逢迎。既然事已至此，那么，难道不是除了考虑怎么和上司相处别无他法了吗?

如果压力来自上司，那么也有将其轻轻躲开的方法。比如说，被上司破口大骂的时候，你就可以向自己解释“他为了我费这么大精力，肯定也有这么大的期待吧”。

事实上，对什么事都不懂的下属持续性地大发脾气，会耗费相当的能量。一直怒吼下去的话，先举旗投降的会是上司。想想他投降的日子为期不远了，你心里也就不需要那么紧张了。就算你觉得自己被分配了很要命的工作，也请认为那是因为只有你才能胜任的缘故。总之，让积极的心情围绕自己。像这样能够把压力控制在心里的对应方法，被称为“情绪焦点型对应”。

另外，通过和上司之间的小对话，来把怒气化为笑意也是不错的方法。搞笑艺人不是常这么做吗？就模仿那个，来点搞笑的台词。当上司大怒的时候，你就事不关己似的说：“您这么激动，脸都红了，是喉咙里塞了什么吗？”上司一听，说不定会更加激动起来，最后反而“扑哧”笑出声，来一句：“算了！”这在精神卫生角度上也是很不错的方法。

⊙ Point：用积极的心态改变自己。

08 提不起劲儿来工作的时候

关键词：**干劲　准备体操　呼吸**

工作也不讨厌，职场环境也挺好，但是一坐到办公桌前，头立刻重起来，干劲也萎缩下去了……这一烦恼虽然显得没什么根据，但因为一到公司就会遭遇很多压力，很多人都有同样的烦恼吧。看起来，在开始工作之前，还真是有必要做做心情的准备体操。

看到这里，有些人可能要说，做做广播体操让身体微微地动起来是不是不错啊？不过做体操说到底也只是为了放松心情，了解它的目的是很重要的。

可能大家觉得在工作之前做太多别的准备并不容易，但实际上很简单，只需要把呼吸转浅并调快就可以了，沉淀在身体内部的力量就会不可思议地高涨起来。不仅是工作，下班以后也会充满精神头儿，会得到就算被人称为硬汉也不为过的活力。

这一方法会被瞩目，是因为美国心理学者发现，懒散的人呼吸深，相反地，勤快的人呼吸浅。

确实，没有干劲的人总是有点什么事就深深叹气。这样一来，心情会更加低落，提不起劲儿来，甚至还会让周围人的干劲都跟着下降。

希望大家注意的是，如果一边“哈、哈”地呼吸，一边忙碌不停的话，很有可能被别人看成怪人。呼吸的要领是，吸气的时候“嘶……”，而呼气的时候“哈……”，并且发出清晰的声音来。这么一做，看上去就像在进行什么练习，即便旁边有人也不必紧张。

反过来，也可以让呼吸缓缓地加深。这种呼吸法也不见得一定会让干劲萎缩——当然，有这个倾向。但是，善用这个呼吸法，也能解除紧张，让兴奋的心情冷静下来。在开始会议之前，或是因纠纷而头脑发热的时候，请试着大口深呼吸，心脏会令人吃惊地镇定下来。

另外，在工作过头、脑子发木的时候，或者在紧急赶工精神不安定的时候，我推荐你做腹式呼吸。

⊙ Point：深深叹息会夺走干劲。

09 在抱怨被分配的工作无聊之前

关键词：抱怨 工作无聊 价值

有些人老发牢骚，觉得同事总是被委以有干头、有价值的工作，自己的工作却全都是些不起眼的事，真是无聊透顶。确实如此，站在时代最前沿的商务人士以业界大佬为对象，所做的工作看起来都是光鲜亮丽的。你会羡慕被分配到那种工作的同事，心情也可以理解，但是，仅靠华丽风光可是建立不起这个世界的。

有一位创造出了世界性大发明的研究者，日复一日默默地在公司角落的一间小研究室里重复着研究工作，周围人都冷眼以对，觉得他就是来混工资的。但是，这种让人想要半途而废的平凡研究持续了十几年之后，他创造出了重大发明。不用说，他也获得了不可估量的回报。

实际上，在商务世界里存在着一个“帕累托法则”。它的内容是：80% 的工作成果是由耗费在其上的时间中的 20% 产生的。也就是说，有 80% 的时间是无用功。

比如说，请客户去打高尔夫，这一借贷行为不会直接产生利益。在某种意义上，它会花费不少钱，还占用了时间。但是，一起玩乐的时间能使你和客户产生一体感，建立起良好的人际关系，最终和利益挂钩。这也被作为商务手法而广泛使用。高尔夫球场和夜总会之所以不会衰退，就是因为这种浪费时间和金钱的行为最终将带来利益。

因此，请你不要去叹息和抱怨现在被分配的工作太无聊，而应该着手思考如何处理这些工作，让它变成有价值的东西。这时，你可能会注意到以前没有发现的工作价值。如果能积极地去考虑，工作就会有趣起来，不再让人望而生叹。下次，就轮到周围的人羡慕你的工作了哦。

⊙ Point：发现工作的价值。

10 为了让发言顺利通过而需要留心的事

关键词：发言　尊重对手

会议开始的时候，虽然主持人都会说一句“请随意自由地发表意见”，但是在上司和前辈面前，就算对自己的策划很自信，还是拿不出提案……被这种窘境弄得焦头烂额的人不在少数。我这里有一个可以打破这种会议窘境的方法。

首先，要缩短自己与阐述了对立观点的人之间的距离。“××的意见确实很不错，我打算按他的想法再检讨一次。”这么一说的话，对方应该不会对你产生坏印象。不管是上司还是前辈，都会产生一种要回报你的好意的心理，开始注意倾听你的意见，并看出你的提案的价值。你是可以期待这一效果的。

你可以进一步地调查出他们的兴趣。在中午休息或是一起出去喝酒的时候，如果围绕他们的兴趣爱好展开话题的话，也会产生惊人的效果。人还是和与自己趣味相投、意见一致的人能产生共通感，并对其怀有好意的。

像这样在下面做好充分的准备之后，终于到了会议的决战场上。这里要注意的是你所坐的位置。研究小集团行为模式的研究学者斯汀泽在座位位置和说服力之间的关系上发现了有趣的现象：在会议中，人和与自己意见相左的人有正面对坐的倾向。另外，当发言者的存在感淡薄起来之后，坐在发言者正对面的人就会特别想说话。因此，坐在持有反对意见的人的正对面很有可能会引起麻烦的事情。

相反地，相邻的人会产生赞扬发言者业务熟练的倾向，很难提出反对意见。

如果你无论如何也想让自己那个报告了很多遍却怎么也通不过的提案在会议上通过的话，就按照这个法则去开会吧。这个时候，就让意见相同的人坐在你对面好了。这么一来，不用说，你的意见得到采用，工作也肯定会一下子变得有趣起来。

⊙ Point：首先尊重你的对手，其次再提出自己的主张。

11 让部下倾慕自己的心理战术

关键词：**指名效果　正面强化**

自己在公司获得了肯定，也得到了一直想要的那个部下，但尽管如此，部下却不按照自己的想法干活。这世间有很多上司都烦恼得很，想干脆不要部下了，什么事都自己来算了。但是，如果在组织里这么干，也就不用再期待爬到更高的职位上去了。在这里，让我们创造一个能够无障碍交流的环境，来试着验证一下，该怎么做才能让部下按照自己的心意行动。

你有没有在自己和部下之间建了一堵墙呢？如果我这么一问，你想必会强烈抗议说才没那么做呢。但是，你能断言部下也没有这么觉得吗？你也经历过这个过程，应该能够理解吧。就算自己没有意识到，部下也会在上司和他之间建起一堵高墙呢。

为了拆掉这堵墙，就要依状况来巧妙地面对部下。比如说，请不要用一贯的上司对下属的口气说话，偶尔也试着用比较软弱的口气来跟部下搭话。当急需部下帮助的时候，请用如下的口气拜托他："山田，能帮我一下吗？""这种事也只能拜托佐藤你啊。"这样一来，部下会比你预想的更痛快地接下工作。这被称为指名效果。

另外，经常跟部下中比较有影响力的人一块去吃个午饭，下了班去喝喝酒，跟他说“因为是铃木你，所以才想说说话”，然后跟他一起商讨一下工作的程序步骤，也是非常有效果的。如果老是一个人考虑事情的话，恐怕也会产生傲慢和偏见，所以不要忽略别人，积极和别人商量吧。

有件事不会错，那就是上司跟自己商量的话，一般人都会觉得自己被承认了，心里喜不自禁。这和提升工作动力也是有关联的。

另外，如果部下工作干得好，请毫不犹豫地夸奖他，这在心理学上被称为正面强化。在使部下好好干这个方面，这能带来不错的效果。相反，怒斥部下尽管也能带来一时的效果，但是这会成为负面强化，只会让部下积聚压力，并且这和做好工作并无关联。当然，也有那种不得不斥责部下的场合出现，但是，训完部下之后，也请不要忘记夸奖他做得好的事，就算是小事也不要放过。

⊙ Point：要视情况自如地面对各种不同类型的部下。

12 职员升迁的秘诀是拍马屁吗?

关键词：升迁　拍马屁　透明性

在影视剧中看到阿谀奉承的片段时，我们会捧腹大笑，然而在现实世界中瞧见极为明显的阿谀奉承时，可就很难忍受了吧。但是，一旦自己站到了人头顶上的位置，别人说些奉承话却会令你感到心情舒畅。这很不可思议吧。原来，比起坏话和反对意见，人还是喜欢别人和自己一条心啊。

如果部下会拍马屁，即便你们看起来喝酒能喝到一起，兴趣也相投，且你广受好评，也并不代表你作为上司受到了部下的尊敬。而世上是不会出现那种在自己无法尊敬的领导下边还能做出好工作的部下的。

在团队中，最重要的是情报共享与公平。我希望你能留心构建一个没有上下级关系，能够毫无忌惮地交换意见的环境。

为了能让部下们把内心真实的意见如实地表述出来，首先，作为上司的你就需要把自己的想法直白地说出来。这是很重要的，也就是要讲究透明性。工作的分配、评价的是否正确合适，这都是部下非常在意的。如果在这点上不透明的话，部下当然就会产生不满。如果部下认为对自己的评价是不适当的、过低的，那么不仅他的工作欲望会降低，也可能会拖上司的后腿。

那么，该如何做出部下本人能够接受的评价呢？最能把评价明确化的方法就是，将其转化为不管谁都能接受的数值。

比如说，设定了销售的目标值，那么就可以用“达到”“未达到”来作出评价。

当然，在这种时候，也许会时不时地听到抱怨和不满，而认真听取这些抱怨的姿势也是非常重要的。在此基础上，认真听取达成目标的部下的建议以及他的成功故事也是很不错的。另外，请不要忘记，如果看到部下在奋发图强，努力工作，那么就算他没有达成目标，也要对他的努力作出评价，为了让他下次再拿出干劲而鼓励他。

⊙ Point：创造一个能直截了当说话的环境。

13 从部下的寒暄和回话中推测他的内心

关键词：**寒暄　内心　自信心　活力**

俗话说“礼尚往来”，给企业打电话的时候，如果电话里那个没见过的人非常礼貌地接待了你，你的心情一定不错。而且，根据这个接电话的人的态度，你还会对这家公司作出比较高的评价。

寒暄和回话能反映一个人的内心。做作的寒暄不会打动对方的心，而且这样的第一印象会拖后腿，将来也许建立不起良好的人际关系。因此，在平时就应该养成干脆爽快地打招呼和回话的习惯。

这不仅反映在对外事务上，职场之中也是如此。在明朗快活地打招呼的工作场合，员工们看起来充满活力，其工作动力也自然而然地会增加；相反，如果员工们的声音小，他们做事也不会很积极，甚至有失去自信的可能。当然，这其中也有生来声音就小的人，但是没有干劲的人、失去自信的人，他们的声音明显跟天生声音小是不同的。虽然看上去不可思议，但是只需要提高声音，心情就会明朗起来，也会重新找回干劲。

话虽如此，如果在这里不分青红皂白地命令员工大声点儿，也解决不了他们的心情问题。而且被没来由地命令，员工反而会萎缩起来，干劲说不准也会消失。

在这里，能体现效果的就是让员工有自信的措词，如“现在的你有足够的实力挑战这项工作”“这件事很难做，但你肯定能胜任”“把事情交给你最踏实了”。在交给部下工作的时候，请添上这种能增添自信心的话来试试看。如果被上司或者周围的人期待，部下就会为回应这份期待而努力，还能恢复自信，拿出实力。

像这样能唤起自信的声音是最好的良药。确实，被人期待会生出责任，责任会让人紧张，但是这一紧张的心情也能提高动力。请记住这一点。

⊙ Point：有精神的寒暄给职场带来活力。

本章小结

1. 今后如果能形成一个习惯，即把败因归结在可以通过努力改变的事情上的话，失败也可以说是件有趣的事。

2. 重要的在于要怀有自信，只要有自信，对话就一定能顺利进行。

3. 人为什么会感到忌妒呢？在心理学上，认为这是因为其背后的败北感。

4. 不管是谁，听到说自己朝着好的方向转变的话都会很高兴，干劲也会有所提升。

5. 如果把业绩目标设定得似乎跳一跳就可以摸到，是最能发挥能力的。

6. 人类其实是种单纯的生物，只要有一次对对方产生了好意，就会看到对方的另外一面。

7. 就算你觉得自己被分配了很要命的工作，也请认为那是因为只有你才能胜任的缘故。总之，让积极的心情围绕自己。

8. 在工作过头、脑子发木的时候，或者在紧急赶工精神不安定的时候，我推荐你做腹式呼吸。

9. 请你不要去叹息和抱怨现在被分配的工作太无聊，而是应该着手思考如何处理这些工作，让它变成有价值的东西。

10. 坐在持有反对意见的人的正对面很有可能引起麻烦的事情。

11. 当然，也有那种不得不斥责部下的场合出现，但是，训完部下之后，也请不要忘记夸奖他做得好的事，就算是小事也不要放过。

12. 如果看到部下在奋发图强，努力工作，那么就算他没有达成目标，也要对他的努力作出评价，为了让他下次再拿出干劲而鼓励他。

13. 如果被上司或者周围的人期待，部下就会为回应这份期待而努力，还能恢复自信，拿出实力。